"十四五"国家重点出版物出版规划项目
三江源国家公园自然教育系列丛书

三江源国家公园
THREE-RIVER-SOURCE NATIONAL PARK

行走黄河源

袁亮　喻鹏
等著

中国地图出版社　北京

《三江源国家公园行走纪行·行走黄河源》

编辑部

主　　任　朱　萌　马　珊
副 主 任　林紫秋　叶思婧
主　　笔　袁　亮　喻　鹏
参　　编　苏　晓　于佳宁　王若玢

责任编辑　叶思婧
编　　辑　周　琳
复　　审　林紫秋
内容审校　贺宝元　李振宇　闫　军
终　　审　喻　乐

地图编辑　刘红艳
地图制作　王宏亮
地图审校　张云红　郭海峰　林　东　东正兰　魏　芝

版式设计　洪彩云
封面设计　方　芳　洪彩云
排　　版　北京梧桐影电脑科技有限公司
图片提供　喻　鹏　旦增桑周　视觉中国

融媒体策划　郭玉婷
融媒体编辑　张扬帆　刘　尧
视频编辑　王　川　刘　洋

责任印制　苑志强

本书由袁亮和喻鹏共同撰写，其中袁亮撰写了第一章、第三至五章，喻鹏撰写了第二章和第六章。专题内容由葛文荣、李帆、耿占坤提供。

总　序

盛世修书，述典启智。编撰出版《三江源国家公园自然教育系列丛书》，是一项重大的自然教育工程，亦是国家公园给予国民的重要公共生态产品。这套丛书的出版，对于我们践行习近平生态文明思想，凝聚社会各界共识，认真履行保护好“中华水塔”这一“国之大者”的特殊使命，厚植公众生态文明素养，筑牢中华民族永续发展根基，都具有十分重要的意义。

三江源国家公园地处青海省西南部，长江、黄河、澜沧江发源于此，总面积19.07万平方千米。每年向下游输送近600亿立方米的清洁水，是我国乃至东南亚淡水资源的重要补给地。同时，三江源也是高原生物多样性最富集的地区，是全球气候变化的敏感区和重要启动区，是国家生态安全的重要屏障，其生态系统服务功能、自然景观、生物多样性具有全国乃至全球意义的保护价值。党中央、国务院对三江源的生态保护工作高度重视，全国人民充分关注，各方有识之士寄予厚望。

建立国家公园体制是习近平总书记亲自谋划、亲自部署、亲自推动的重大制度创新。2016年3月，中共中央办公厅、国务院办公厅印发《三江源国家公园体制试点方案》，拉开了中国建立国家公园体制实践探索的序幕。三江源国家公园成为中国国家公园发展的先行者和“试验田”以来，创新管理体制机制，不断探索人与自然和谐共生之路，坚定不移做“中华水塔”守护人，引领全国各地催生了生态环境保护领域一批系统性、突破性、标志性成果。

2021年10月，国家主席习近平在《生物多样性公约》第十五次缔约方大会领导人峰会上宣布正式设立三江源国家公园。全面推动三江源国家公园建设高质量发展，把三江源国家公园建设成为青藏高原生态保护修复示范区，三江源共建共享、人与自然和谐共生的先行区，青藏高原大自然保护展示和生态文化传承区，离不开文化铸魂，要教育先行。编撰出版《三江源国家公园自然教育系列丛书》，就是向广大读者全面介绍三江源国家公园最重要的自然生态系统、最独特的自然景观、最精华的自然遗产、最富集的生物多样性，也是挖掘天人合一等中华优秀传统文化，倡导公众树立尊重自然、顺应自然、保护自然的理念，着力打造具有国家代表性和世界影响力世界自然保护地典范的有益尝试。

书以载道，文以养心。希望这套由中国地图出版社出版的大型丛书，能给读者提供一场对三江源无与伦比的认知盛宴，一起见证三江源国家公园的茁壮成长。

是为序。

三江源国家公园管理局

序 行走在自然中

2023年的国庆长假，我最大的收获与享受就是静心阅读了即将出版的“三江源国家公园行走纪行丛书”，跟着作者的文字书写，对雪域高原的惊险雄奇，动植物世界的勃勃生机，高原藏族的朴实神秘，进行了一次沉浸式的观察与思考，对三江源国家公园的长江源、黄河源、澜沧江源三个园区和可可西里世界自然遗产地的历史与现状，以及对三江源重要生态屏障的整体保护措施和取得的阶段性成果有了深入的了解。

亿万年来，地处世界“第三极”的青藏高原，以雄峻无涯的雪山冰川，融化出涓涓细流，向东向南汇聚成长江、黄河与澜沧江。长江和黄河孕育了灿烂而悠久的华夏文明，是中华民族的母亲河；澜沧江作为“东南亚第一长河”，一路奔腾向东南，经西藏、云南两省区，出中国国境后，称为湄公河，流经老挝、缅甸、泰国、柬埔寨、越南五国后汇入南海。

三江源被誉为“中华水塔”和“亚洲水塔”，是中国生物多样性的自然宝库，是我国重要的生态安全屏障，也是全球气候变化反应最敏感的区域之一。为此，践行习近平生态文明思想，坚持“生态保护第一、国家代表性、全民公益性”的中国特色国家公园理念，构建三江源的生态系统服务功能，对维护生物的多样性以及实现对三江源头的整体保护，有着十分重要的意义。

由三江源国家公园管理局立项、中国地图出版社编辑出版的“三江源国家公园行走纪行丛书”由《行走长江源》《行走黄河源》《行走澜沧江源》三本书组成。丛书的主题为“自然行走”，着重体现人与自然的和谐共生，尊重“山脉”和“水脉”的内在规律，传承发展“文脉”和“人脉”。丛书以作者“自然行走”的所见所闻、所思所感为主体，从时间的维度上，全面反映了三江源国家公园的过去与现在；从空间的维度上，以山、水、人、动物为切入点，展示了三江源的多重魅力，突出体现了人与自然的和谐共生。

阅读书稿，作者在长江源、黄河源、澜沧江源行走的立体画面清晰地展现在我眼前。

流经11个省、直辖市，总长6380公里的长江，是亚洲第一大河、世界第三大河。它由发源于唐古拉山脉主峰各拉丹冬的沱沱河与南源当曲、北源楚玛尔河组成，沱沱河与当曲在唐古拉山镇与索加乡交界的囊极巴陇汇合后称通天河，进而在七渡口与楚玛尔河汇合，至巴塘河口流出青海玉树藏族自治州，在横断山区称为金沙江，经云南入重庆，之后正式启用长江的名字，直至上海崇明岛注入东海。

长江源水生态环境保护站——“绿色江河”的志愿者守护斑头雁已经超过10年，斑头雁从2012年的1172只，上升到了2022年的5963只，10年间增加到5倍。除了鸟类，也不断有藏羚羊、雪豹、藏野驴、野牦牛等动物出现在班德湖周围。

总长5464公里的黄河是世界第五长河，由约古宗列曲（玛曲）、卡日曲、扎曲汇集，从扎陵湖流出，形成一个冲积扇面入鄂陵湖后，以“黄河”之名奔流向海。

黄河源园区面积3.17万平方公里。这块集草地、湿地、河流、湖泊、雪山、冰川和野生动物为一体的神奇大地，展现了地球上年轻的地貌，造就了独特的高原高寒山地气候，保存了大面积的原始风貌。

湖泊和湿地生态景观，维护养育了高寒草甸、草原生态系统健康运行。在维护生物多样性等前提下，黄河源园区正加强对黑土滩、沙化土地等的修复，并在此基础上开展黄河探源和自然生态体验，展现高原千湖美景，使来客得以近距离观览野生动物，追寻领悟黄河文化和藏族历史文化。

世界第七长河、“东南亚第一长河”澜沧江，全长4909公里，其北源扎阿曲所在的玉树杂多县扎青乡境内海拔5552米的吉富山的冰川融水，即为澜沧江源头。

澜沧江源头具有独特的河源峡谷生态，海拔最高处的石质山峰和流石滩，是雪豹最喜欢出没的地方；山峰下是原始森林与高山草甸交混的地带，大果圆柏与山柳灌木构成了茂密的森林植被，草原上盛开的狼毒花、金露梅和圆穗蓼等编织出斑斓的花毯。树林与草坡为白马鸡、高原鼠兔和喜马拉雅旱獭等动物提供了筑巢和嬉戏的场所，它们又为狼、兔狲和棕熊等猛兽提供了充足的食物，金雕在高空盘旋寻找着猎物，而雪豹或许就在某一座山峰上巡视着它的领地，喜马拉雅旱獭在向阳的草坡上掘洞为窝，天气好的时候喜欢坐在洞口附近晒太阳。有时候它们会在草地上追逐嬉戏，憨态可掬，此时通常会有一只“哨兵”双腿直立，警惕地观望着四周，一有风吹草动就立刻发出警报声，所有的喜马拉雅旱獭一眨眼就钻回窝里，消失不见。

约6.03万平方公里的可可西里世界遗产地有100多个湖泊，是中国湖泊分布最密集的区域之一。遗产地内完整保存了高寒草原、高寒草甸、高寒荒漠和高原湿地生态系统，共有国家一级保护动物7种，国家二级保护动物17种，有蹄类动物种群密度大、数量多，且珍稀物种比例高。

可可西里的野生动物基因库，尤以藏羚羊、野牦牛为代表物种。可可西里从2000年成立自然保护区，到2016年划入三江源国家公园至今，在一代代工作人员的努力下，藏羚羊终于转危为安，2009年后可可西里再无盗猎案件，藏羚羊种群得到恢复，世界自然保护联盟（IUCN）也将它从濒危物种调整为近危物种。

1832年，美国著名艺术家乔治·卡特林在前往美国达科他地区旅行的路上，对美国西部大开发对印第安文明、野生动植物和荒野的影响深表忧虑，提出“它们可以被保护起来，只要政府通过一些保护政策设立一个大公园，其中有人也有野兽，所有的一切都处于原生状态，体现着自然之美”。乔治·卡特林的这次旅游灵感，促使人类开始树立保护自然遗产的意识。

人类把亿万年来地球演化过程中留存下来的珍贵的、不可再生的遗迹作为一种特殊类型的资源，通过建立自然保护区、地质遗迹保护区、国家公园等将其加以保护利用，这是敬畏自然、尊重自然、顺应自然并建设美丽地球家园的明智选择。

“三江源国家公园行走纪行丛书”集三江源国家公园的真、善、美为一体，为公众提供了亲近自然、体验自然、了解自然、欣赏自然的平台载体。丛书以人与自然的和谐共生描写为主线，讲述人与自然的故事，这将有效提高全民科学素养，激发公众敬畏自然、尊重自然、热爱自然、热爱科学，培养生态安全意识、环境保护意识，增强文化自信和民族自豪感，促进三江源生态环境保护，实现人与自然和谐共生的目标。

三江源国家公园的设立，使社会各界更加关注对这个生物多样性自然宝库的整体保护。由于条件有限，很多人无法抵达三江源亲身体验，而“三江源国家公园行走纪行丛书”正是能够弥补这一缺憾的优秀丛书。

陈国栋

研究员，中国自然资源作家协会主席

目录 CONTENTS

三江源地区河流流域球形图

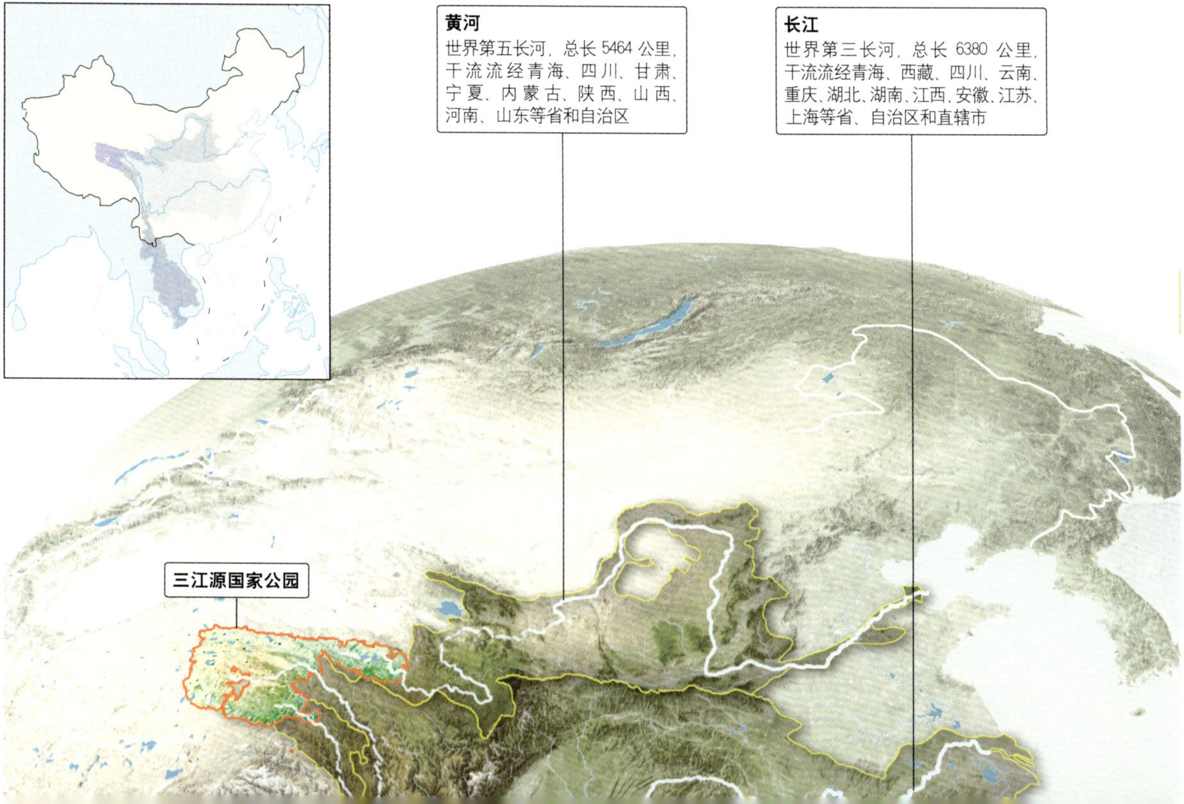

澜沧江－湄公河
世界第七长河，总长 4909 公里，干流流经中国（青海、西藏、云南）、缅甸、老挝、泰国、柬埔寨、越南

三江源国家公园示意图

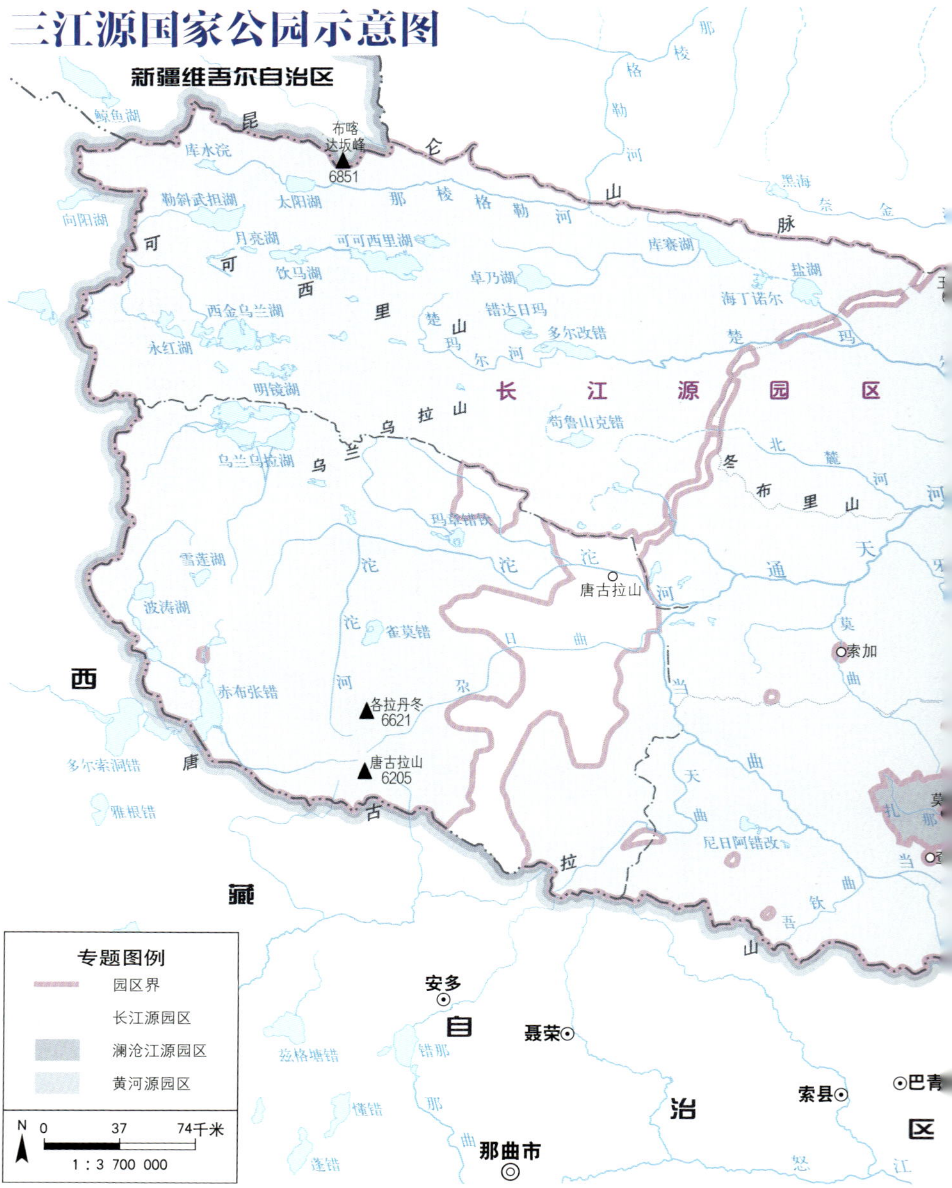

新疆维吾尔自治区
昆仑山脉
布喀达坂峰
6851
鲸鱼湖
库水浣
勒斜武担湖
太阳湖
向阳湖
那棱格勒河
可可西里山
月亮湖
可可西里湖
饮马湖
卓乃湖
库赛湖
盐湖
海丁诺尔
西金乌兰湖
错达日玛
多尔改错
永红湖
楚玛尔河
明镜湖
长江源园区
乌兰乌拉山
苟鲁山克错
乌兰乌拉湖
冬布里山
北麓河
玛章错钦
雪莲湖
沱沱河
唐古拉山
通天河
波涛湖
雀莫错
日曲
莫曲
索加
当曲
赤布张错
尕
各拉丹冬
6621
唐古拉山
6205
多尔索洞错
雅根错
尼日阿错改
天曲
扎那
布曲
吾钦曲
西藏自治区
专题图例
园区界
长江源园区
澜沧江源园区
黄河源园区
N
0
37
74千米
1 : 3 700 000
安多
聂荣
错那
兹格塘错
懂错
蓬错
那曲
那曲市
索县
巴青
怒江

三江源在青海省的位置图
西宁市
察尔汗行委
格尔木市
大格勒
宗加
素棱郭勒河
布尔汗布达山
黄河源园区
雅拉达泽峰
5214
麻多
玛曲
卡日曲
扎陵湖
鄂陵湖
玛多
（玛查理）
花石峡
冬格措纳湖
阿尼玛卿山
玛卿岗日
6282
黄河
多曲
黑河
热曲
查曲
优云
当洛
特合土
建设
桑日麻
巴
颜
喀
拉
山
曲麻河
叶格
秋智
扎河
治渠
通天河
曲麻莱
（约改）
巴干
清水河
扎朵
多彩
多彩曲
治多
（加吉博洛）
立新
称多
（称文）
珍秦
安冲
隆宝
拉布
仲达
歇武
扎曲
洛曲
澜沧江源园区
扎青
杂多
（萨呼腾）
阿多
昂赛
结多
上拉秀
玉树市
巴塘
下拉秀
觉拉
子曲
苏鲁
东坝
着晓
毛庄
小苏莽
囊谦
（香达）
白扎
娘拉
吉尼赛
吉曲
尕羊
石渠
雅砻江
鲜水河
四川省
金沙江
西藏自治区
德格

黄河源全图

G109
巴隆
香
S214
布尔汗布达山
诺木洪河
格尔木河
乌兰乌苏郭勒
阿拉克湖
错木斗江章
格涌曲
扎曲
雅拉达泽峰
5214
“黄河源”石碑
黄河源头
第一家
玛曲
格拉杂山
星宿海
S312
青
扎陵
扎陵湖
卓让湖
牛头碑
鄂陵湖
4610
错哇尕泽峰
卡日曲
色吾曲
巴颜
秋智
G215
曲麻莱
（约改）
S313
巴干
治多
（加吉博洛）
通天河
扎朵
尕朵
清水河
G0613
G214
巴颜喀拉山
巴颜喀拉山口
喀
四
N
0
17.5
35千米
1 : 1 750 000

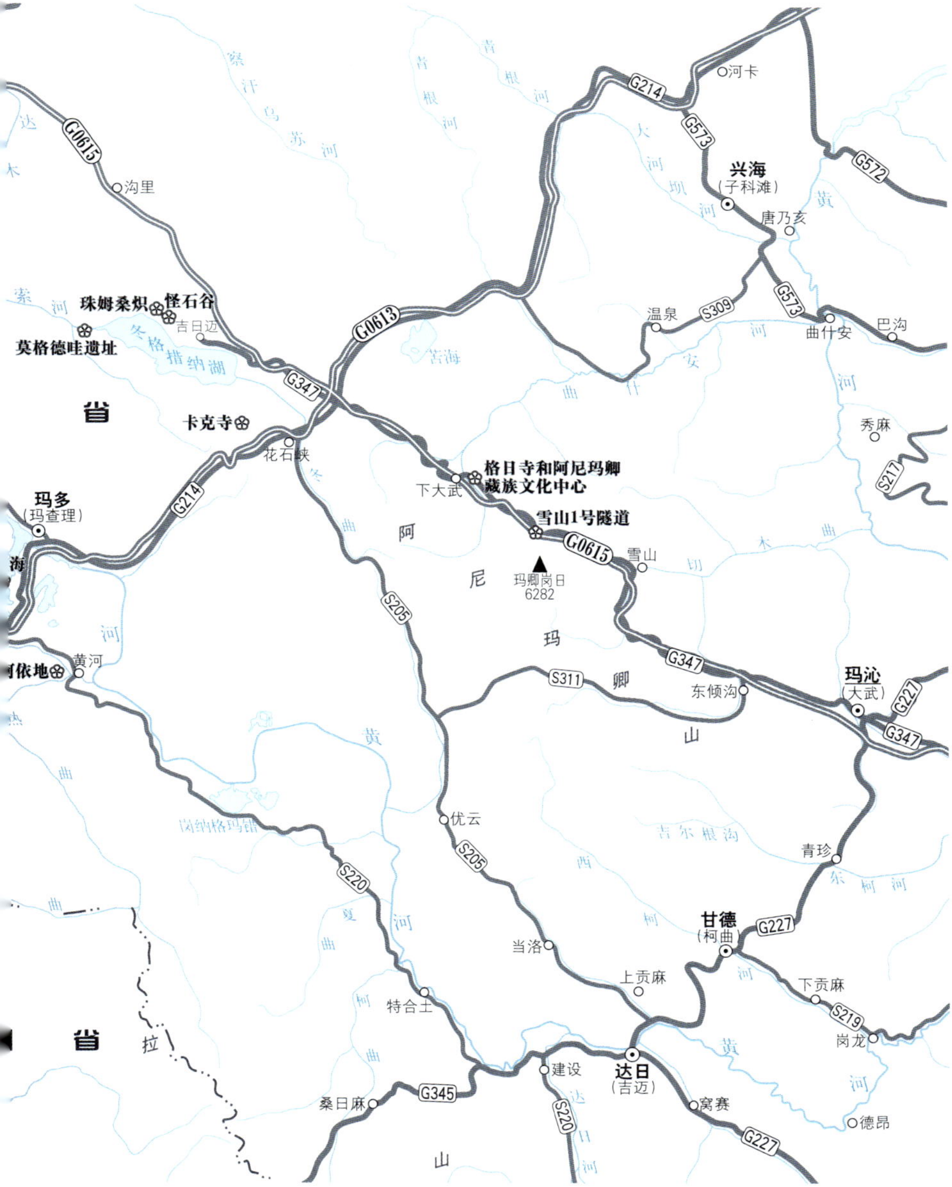
河卡
G214
G573
兴海
(子科滩)
唐乃亥
G572
G0615
沟里
珠姆桑炽
怪石谷
吉日迈
莫格德哇遗址
冬格措纳湖
G0613
苦海
温泉
S309
曲什安
巴沟
省
卡克寺
G347
花石峡
格日寺和阿尼玛卿
藏族文化中心
下大武
雪山1号隧道
秀麻
S217
玛多
(玛查理)
G214
阿
尼
玛
卿
山
玛卿岗日
6282
雪山
S205
S311
东倾沟
玛沁
(大武)
G227
黄河
优云
吉尔根沟
青珍
S220
甘德
(柯曲)
当洛
上贡麻
下贡麻
S219
岗龙
特合土
省
达日
(吉迈)
建设
桑日麻
G345
S220
窝赛
德昂
山

启程

2021 年 10 月 12 日，国家主席习近平在《生物多样性公约》第十五次缔约方大会领导人峰会上的主旨讲话中宣布，我国正式设立三江源、大熊猫、东北虎豹、海南热带雨林、武夷山等第一批国家公园。世人的目光再次投向了三江源，这片雪峰林立、大河奔流的广袤大地。

青藏高原，地球第三极，亿万年凝固而成的冰川融水，为亚洲 80% 以上的河流提供着源源不断的水源，被称为“亚洲水塔”。长江、黄河、澜沧江，中国的三条大江，皆从这里起源，孕育出煌煌华夏文明。

习近平总书记曾指出，“要牢固树立绿水青山就是金山银山、冰天雪地也是金山银山的理念，保持战略定力，提高生态环境治理水平，推动青藏高原生物多样性保护，坚定不移走生态优先、绿色发展之路，努力建设人与自然和谐共生的现代化，切实保护好地球第三极生态。”三江源国家公园的设立，让人们有机会更近距离地接近江河的源头。这里不仅是全球最重要的生态系统之一，也是全球生物多样性最集中的地区，雪山冰川，草原湿地，还有生活在这片大地上的各种珍稀动植物，向我们呈现出一个生机勃勃的自然世界。

千百年来，格萨尔王的英雄故事在玛域高原代代流传，终年积雪的阿尼玛卿山守护着这片土地上的自然生灵。从玛多到麻多，我们逆流而上，与黄河同行数百公里，在星星海湿地邂逅从南方飞来的候鸟，在黄河源牛头纪念碑前眺望扎陵湖与鄂陵湖的清澈，直至抵达黄河源头那汪清澈的泉水。

从这里开始，黄河一路接收阳光与高原积蓄的能量，逐渐壮大声势，奔腾向东而去，最终成为华夏民族的母亲河。

/ 果洛藏族自治州黄河源湿地 / 视觉中国 提供

第一章

黄河问源，滔滔之水天上来

孕育了中华文明、养育着华夏子孙的滔滔黄河，历来寄托着中国人太多的情感，对于黄河之源的上下求索，也贯穿了国人的古往今来。

“君不见，黄河之水天上来，奔流到海不复回。”诗仙李白的这一句感叹，抒发的应该是古代中国对于黄河源头的最初想象。在“海拔”这一地理概念还没有被引入人们认知体系的古代，我们的祖先将中国西部昆仑山脉所

/ 冬季的鄂陵湖 / 视觉中国 提供

在的茫茫天地视作神仙居住的天界，从西向东奔流而来的黄河，源头应该就在天上吧。

从“天上的玛多”到“天上的曲麻莱”，我们的黄河问源之旅，一路有雪山草原为伴，在藏野驴（国家一级保护动物）与藏原羚（国家二级保护动物）的指引下，深入野花遍地的青青山坡，抵达清澈高远的黄河源头。

黄河的源头在哪里

黄河的源头在哪里？

中国最早的地理文献《山海经》，成书于战国时期至汉代初期，在其《北山经》一章里是这样表述黄河源头的："敦薨之水（开都河）流入沥泽（罗布泊），出于昆仑之东北，实惟河源。"用通俗的话来说，黄河源头出自昆仑，在罗布泊消失于地下，最后流入中原地区。

根据出使西域的使者带回来的考察报告，汉武帝就认定河源为昆仑，《史记·大宛列传》中记载："汉使穷河源，河源出于阗，其山多玉石，采来，天子案古图书，名河所出山曰昆仑云。"而昆仑，这个传说中积雪万年不化的神仙居住之地神圣而纯净，在古代中国的神话系统构成中拥有重要的地位，将其视为河之源，确实符合当时古人的认知。

被尊为儒家五经之一的《尚书·禹贡》中则说："导河积石。""积石"指的是《山海经》所述的大积石山，即吐蕃语中的阿尼玛卿山。这个说法将黄河源头从缥缈的昆仑仙境移到了今青海省东南部，已经比较接近真实的黄河源头。

1300多年前，始于长安（今西安），终点在吐蕃都城逻些（今拉萨）

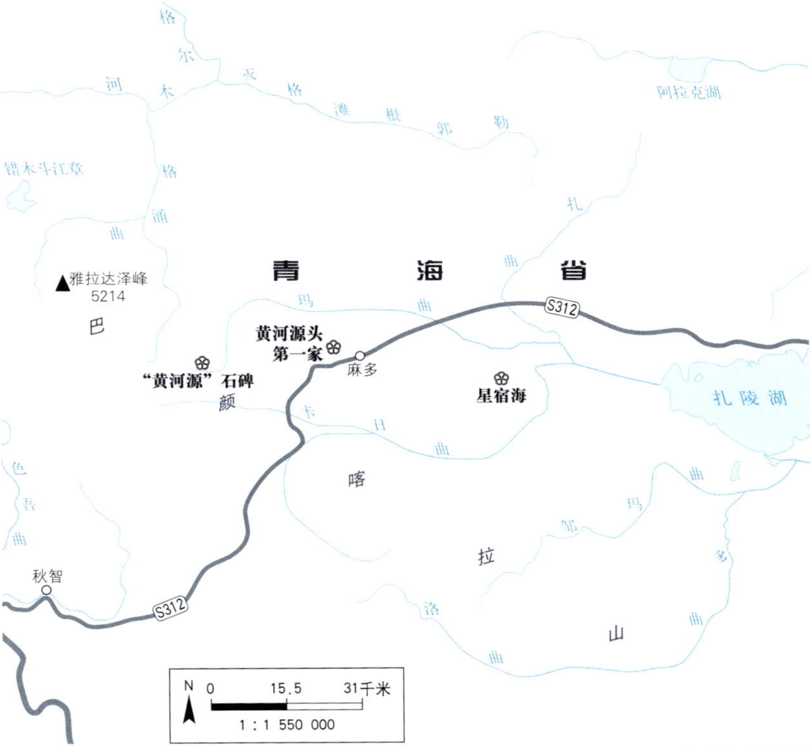

/ 麻多乡与星宿海 /

的唐蕃古道，贯通了中原与青海、西藏乃至尼泊尔之间的往来，唐人得以沿唐蕃古道向西到达今黄河源园区的星宿海，无限接近真正的黄河源头。《新唐书·吐谷浑传》中有这样的文字：“贞观九年（635年），（侯）君集、（李）道宗行空荒之地二千里，阅月次星宿川，达柏海上，望积石山。”这里的“星宿川”，并非指源头约古宗列盆地的星宿海，而是星宿海以南在昆仑山支脉布尔汗布达山和巴颜喀拉山环抱中的玛多宽谷，包括扎陵湖、鄂陵湖及其下游的星星海湿地；而“柏海”则是汉语中的扎陵湖与鄂陵湖。贞观

/ 俯瞰约古宗列曲 / 视觉中国 提供

十五年（641年），文成公主就是沿着唐蕃古道进入青海，与前来迎接的松赞干布相会于柏海之滨，然后一起翻越巴颜喀拉山北麓各姿各雅山，最终到达吐蕃都城逻些。

黄河源头在星宿海的说法，在元朝得到了政府官方考察的认证，元人潘昂霄据此写成的《河源志》中，就明确记载了官方人员在至元十七年（1280

年）到达星宿海寻找河源的经行路线，“在土蕃朵甘思西鄙，有泉百余泓，沮洳散涣，弗可逼视，方可七八十里，履高山下瞰，灿若列星”，认为黄河就是从“灿若列星”的星宿海流出，汇入了扎陵湖和鄂陵湖。

到了清朝，康熙与乾隆先后派人到达星宿海地区考察河源，这一次他们发现，从星宿海上溯有三条小河。康熙时期认为三河中间一条为阿尔坦河，即黄河源；而乾隆时期认为靠南一条为阿尔坦河，为黄河源。据今人考证，三条河中最北的即今天的扎曲，靠南的为卡日曲，中间沿主流方向自西向东的为玛曲（约古宗列曲）。

于是河源之证又演变成了正源之争。

源，从水、从原。本义是水流所出之地，如河源、泉源、发源，引申为“事物的根由”，如来源、渊源、起源等。源，近乎圣地，是灵魂回归之处。中国人最讲究正本清源，且对于母亲河的感情尤其深厚，河源已经成为民族之根的象征。关于黄河的正源溯本，国人不但想要找到时间与空间上的起点，还要追溯地理与历史中的源头。

中华人民共和国成立以后，国家曾经多次组织科考队前往青海境内考察黄河源头。根据河源唯远、唯长、与主流方向一致等原则，流程短、水量少的扎曲首先被排除，接下来是玛曲（约古宗列曲）与卡日曲之争。1960年，科考队认定，由发源于巴颜喀拉山北麓雅拉达泽峰的泉水汇聚而成的约古宗列曲才是黄河的源头。而在1978年至1983年的考察中，又提出黄河源头是发源于巴颜喀拉山南麓的卡日曲，一条水量更大且与黄河主流方向一致的河。

卡日曲本是藏语，意为红铜色的河，它位于巴颜喀拉山北麓的各姿各雅山下，5条从山坡切沟流出的小泉汇聚成一条宽约1米的潺潺溪流，就是最初的卡日曲。青海诗人昌耀在20世纪80年代曾经写过一首长诗：《寻找黄河正源卡日曲：铜色河》。他在诗中写道：

“从碉房出发。沿着黄河

我们寻找铜色河，寻找卡日曲，寻找那条根。

是以对于亲父、亲祖、亲土的神圣崇拜，

我们的前人很早就寻找那条铜色河，寻找铜色河大沼泽。

寻找铜色河的紫色三岔口。

寻找河的根。”

诗成的那个年代，正是中国兴起寻找文化之根与民族之魂的时期，被视作黄河正源的卡日曲，在诗中既是河之源的具象，也是国之根的意象。

不过，1985年，黄河水利委员会再次组织科考队前往黄河源，这次的考察结果又恢复了约古宗列曲的正源身份，如今，在海拔4675米的约古宗列曲泉水流出处，就矗立着1986年胡耀邦同志题写的“黄河源头”石碑。

约古宗列曲与卡日曲最终都汇入扎陵湖，然后从鄂陵湖湖口流出，向南向东而去，从这里开始，这条华夏民族的母亲河才有了一个正式的名字——黄河。

如果说约古宗列曲是地理意义上的黄河源头，那么扎陵湖和鄂陵湖可以视作文化意义上的黄河源头。

面积3.17万平方公里的三江源国家公园黄河源园区，就是以扎陵湖和鄂陵湖为中心，包括了以扎陵湖—鄂陵湖、星星海为代表的高原湖泊群，具有重要的水源涵养功能，为黄河的万里奔腾提供着源源不断的水量和能量。

/ 黄河源园区标志 / 喻鹏 摄

终于有机会踏上寻源之路

我们此行在三江源国家公园管理局工作人员的陪同下，从鄂陵湖出发，探访黄河源头。

这些年，因为工作的原因，我去过黄河沿岸许多地方。

我曾经在四川若尔盖草原上守候过落日下的九曲黄河第一湾，因为阿尼玛卿山的阻挡，黄河从青藏高原出发，向东经过玛多县之后就转道向南，在若尔盖拐了一个大弯之后，又与四川擦肩而过，再度回到青海境内。我曾经在青海化隆的夏琼寺住了一晚，清晨即起，在观景台等待朝阳逐渐照亮黄河与坎布拉的碧水丹霞美景，这里的黄河仍然带着从三江源出发时的清澈见底。我曾经在循化的黄河边，捡到过许多花纹绚丽的黄河石。

接下来，黄河一路向东向北，从甘肃到宁夏再到内蒙古，又折向南方的山西、陕西，在华夏大地上画出一个巨大的“几”字。兰州人对黄河的感情是非常深厚的，每次到兰州，我都会沿着黄河岸边散步，去看看黄河铁桥与黄河母亲雕像。在内蒙古巴彦淖尔调研时，我也有机会走沿黄公路从乌海到磴口，当时正好是夏天，沿途河滩上都是盛开的向日葵花田，仿佛为黄河镶上了一道金边。

/ 一路向西开往黄河源 / 喻鹏 摄

不过，最令我印象深刻的还是陕西与山西交界处的黄河。那年与朋友自驾，从陕西潼关过黄河去山西运城，路过风陵渡时不由得想起了金庸小说中写到的郭襄，16岁那年“风陵渡口初相遇，一见杨过误终身”的伤怀。

遗憾的是，虽然熟读李白的“黄河之水天上来，奔流到海不复回”，这么多年来，我一直没有机会去到黄河源头以及黄河入海口。直到今天，我终于来到了“天上的玛多”，出发去探寻黄河的源头约古宗列曲。

汽车离开玛查理镇，向西行驶不过数公里，路边的风景已经转换为一望无垠的青青草原和远处连绵不绝的雪山。

因为今天的行程很长，我们早上6点就出发了，公路上几乎没有遇到别的车辆，但是我们并不寂寞，不知道从什么时候起，车窗外有藏野驴陪伴着我们。在雪山的映衬下，它们悠然自得的身姿不时吸引着我们停下车来，拍摄眼前这难得一见的风景。

路基下不过十数米外，就是退牧还草工程安置的铁丝网，阻挡着我们接近藏野驴的脚步。但藏野驴可不会理睬这些，就在我们视线所及之处，一头藏野驴突然跃过铁丝网，穿越公路来到了对侧的铁丝网前，与另一头藏野驴隔网相会。它们一会儿头蹭着头亲密低语，一会儿又隔着铁丝网并肩向前奔跑。铁丝网内的一群藏野驴也没有过来打扰它们，而是自顾自在草原上踱步。

遇见藏野驴，只是黄河源园区给我们的第一个惊喜。汽车继续向前，在扎陵湖边的三岔路口，我们离开湖边，拐进了往康穷方向去的乡道。路面变成了碎石铺装，路况较差，窗外的风景也在不知何时换成了起伏的小山，山坡上杂草丛生，裸露着大块的岩石。

在陪同前往黄河源头的黄河源园区管理局工作人员的指点下，我们发现了几只隐身在岩石间的藏原羚。藏原羚灰黄色的身体与岩石十分接近，自带天然伪装色，只是屁股上的白色心形图案“出卖”了它们。相比于藏野驴的自在，藏原羚显得非常害羞，稍有动静它们就迅速跑开，只在摄影师的长焦镜头里留下惊鸿一瞥。

不过，这一路上我们看得最多的动物应该是高原鼠兔和大鵟（国家二级

/ 立在道路中央的藏野驴 / 喻鹏 摄

保护动物）。

草原上遍地都是的小土堆其实就是高原鼠兔打洞时刨出来的泥土，它们喜欢蹲在洞口东张西望，而它们的天敌，一种叫大鵟的猛禽，此时可能正蹲守在招鹰架上，打算捕食这些小东西。一只高原鼠兔在草丛间呼哧呼哧地跑着，正要溜回自己的洞穴，招鹰架上的一只大鵟忽然起飞，在空中几个盘旋后俯冲下来，眨眼间就抓起鼠兔飞向了空中。

这就是生物链上最常见的一环，鼠兔以植物为食，大鵟又会捕捉鼠兔，控制它们的过度繁殖，保护这片草场，整个生物链就是这样一个环环相扣的整体。万物以其自有的秩序轮转，而人类要做的，只是守护和维持。

为大鵟做一个窝

在玛多县和曲麻莱县境内的草原上，总能看到一根根类似电线杆的杆子，杆头横着一个小支架，有些杆子旁边还带着一个圆形鸟巢，很多时候都有一两只大鸟蹲踞在上面，俯视着草原上的动静。这是三江源地区为大鵟专门设置的招鹰架。

大鵟（别名土豹、草原鵟）是生活在草原上的一种猛禽，属于国家二级保护动物，形似老鹰，飞翔时翅膀上部的白羽非常明显，很容易辨识。它们将巢筑在岩壁或树木间，最爱的食物就是草原上常见的高原鼠兔。近年来，三江源地区高原鼠兔数量激增。采取生态灭鼠措施后，工作人员在草原上安置人工招鹰架，引来更多鼠兔的天敌大鵟。招鹰架大约每隔700米安装一个，方便猛禽歇脚，部分鹰架上还会安装人工鹰巢，为它们提供筑巢居留的地方，鹰架和鹰巢的比例一般是4：1。最早实施这一生物链防治措施的就是玛多县的扎陵湖和鄂陵湖地区。

/ 招鹰架 / 喻鹏 摄

灿若列星的星宿海

沿着扎陵湖北岸行驶40多公里后，路边的生态宣传牌提醒我们已经进入玉树藏族自治州曲麻莱县麻多乡境内。乡道离开湖岸往西北方向而去，路况也变得更加糟糕起来。开车的李师傅是位在青海高原跑了多年长途的老司机，坑洼不平的路面，让经验老到的他也不得不打起十二分的精神应对。

频繁的颠簸让人兴致全无，窗外的风景也略显单调，只有路边出现的小动物能令我们暂时兴奋起来。幸运的是一路上除了常见的高原鼠兔和大鵟，我们还远远地看到了一只狐狸的身影，经过仔细辨认，发现这是一只沙狐。可惜，不是我来之前非常向往能遇到的有着一张憨厚“网红”脸的藏狐（国家二级保护动物）。

渐渐地，水草丰美的草原消失了，路边出现更多的是碎镜片般的小水洼，还有弯曲流淌的小河，偶尔有水鸟被我们惊起，搅碎水面的蓝天白云倒影。每当看到车窗外的这些小河流或水泊，我都会下意识地想到，它们是否就是黄河的一分子，这清澈的水就是从约古宗列黄河源头流下来的吧，此刻，我们正向它而去。

在长达一千多年的时间里，古代中国人都认为黄河的源头在星宿海。

/ 星宿海 / 视觉中国 提供

这个浪漫的名字，可能来自最早到达星宿海的行者诗意般的描述："小泉亿万，不可胜数，灿若列星。"

历史上的黄河源头星宿海，在今天看来其实只是黄河在青藏高原上的第一个"休息补给点"。从巴颜喀拉山北麓雅拉达泽峰涌出的泉水，集合沿途大小泉水后，逐渐汇聚成一条宽约10米的小河，蜿蜒流经东西长约20公里的

/ 玛曲日落 / 视觉中国 提供

约古宗列盆地（藏语意为“炒青稞的锅”），与卡日曲在星宿海之西汇合，形成黄河源头最初的河流，当地人称之为玛曲，又叫孔雀河，形容河水流过草原的形状，像孔雀开屏一样。

玛曲向东流过16公里长的河谷，最终来到了地势平缓的星宿海。这里是由上百个水泊组成的面积约100平方公里的沼泽草甸区，藏语叫“错岔”，意为花海子。1952年，我国派出的第一次黄河源头考察队就曾来到这里，工程师董在华在考察报告中是这样描述当时的星宿海的：“在土岗旁以及沮洳地（指地下水出露地表的过度湿润土地）上，都是大小不一的海子，扁的，圆的，方的，长的，隔不远就有一个。海子里的水并不深，约三五厘米，青青的草铺在海子的外围……在傍晚太阳将落的时候，阳光从小海子里反射出来，真是和星宿颇有仿佛的样子。黄河就从这里弯曲通过……”

为了守护好“中华水塔”，保障全国人民的“源头之水”“生态之脉”，玛多县从2017年起，拆除了仅建成16年的黄河源水电站，还自然生态系统以原真性、完整性。我们在“格萨尔王登基地”、麻多乡格拉杂山短暂停留，这里距离黄河源头约古宗列曲只有95公里。登上山顶，站在金色的格

◇◆◆辫流河

如果我们从空中俯瞰河流，能看出它们在大地上流淌的形状有很多种，大致可以分为曲流、辫流、分汊和顺直4种，其中曲流与辫流是最常见和最主要的形状。

辫流河流常出现在冰川末端，由冰川融水构成，或出现在水流不稳定、含沙量大的山区与山前河流上。河流分汊很多，多股河道或分或合，从高处看下去，河道交织如同人的发辫。

流经约古宗列盆地的黄河源头水系，就是典型的辫流河。扎陵湖以西的黄河段，藏语名字叫“玛曲”，也是孔雀河的意思，形象地描述了黄河在地势平缓的盆地四处漫延、状如孔雀开屏的样子。这是因为黄河上游水量增加不定，河道在平坦的地面无拘无束，经常改变流向，所以形成了形状复杂的辫状水道。在早晚的光线下，这些辫流河像一条条金色的哈达飘扬在高原大地上。当然，要欣赏到这样的美景，你需要一架无人机。

/ 俯瞰辫流河 / 视觉中国 提供

萨尔王雕像前向西南方向极目远眺，隐隐约约闪烁着点点光芒的那片草地，就是星宿海。

这是我们与星宿海最近距离的遥望，随后，我们带着想象中的一点诗意，继续向黄河源头而去，前路，只有几十公里了。

天下黄河第一乡

剩下的95公里，走得比想象中辛苦。路况糟糕依旧，又煎熬了几十公里，我们来到了麻多乡。

麻多与玛多，字面一字之差，但在藏语中其实指的都是黄河源头。麻多乡是最接近约古宗列曲的行政乡，被称为“天下黄河第一乡”。有意思的是，它并不隶属果洛藏族自治州玛多县，而是归属玉树藏族自治州曲麻莱县管辖。

曲麻莱，藏语意为红色的河，宽广的滩。长江和黄河都从这里起源，它也是可可西里世界自然遗产地和三江源国家公园的核心区，素有“江河源头第一县”的美称。

美称的背后，却是严酷的现实。曲麻莱县是青海平均海拔最高、自然气候最严酷的地区之一，当地牧民曾经仅靠放牧牛羊维持温饱。由于长期过度放牧和寒冷、干旱等原因，黄河源头一度面临草原草产量低、退化严重的严峻现实。

为了恢复“江河源头第一县”的生态安全，近年来，曲麻莱县以“生态立县”为原则，在全域开展了禁牧休牧、生态移民、人工种草、垃圾回收

/ 麻多乡 / 视觉中国 提供

处理、清洁能源供暖等多项工作。麻多乡是距离黄河源头最近的一个乡，从2017年开始，包括“黄河源头第一家”在内的麻多乡郭洋村69户牧民搬离祖辈生活的源头草场，住进了政府安排的生态移民安置点，家家户户都有人成为生态管护员，有了固定收入。当地政府还为牧民提供职业培训服务，让他们拥有一技之长，增加家庭收入。定点帮扶曲麻莱县的国家能源集团先后投入巨额资金，在黄河源头核心区禁牧15万亩草场，为搬离草场的数十户牧民提供每年3600元取暖补贴，又租赁约10万亩草场，成立合作社，安置牧民家的牛羊。而从2020年开始在麻多乡推广的清洁能源供暖，改变了传统的取暖

/ 夕阳下的曲麻莱县城 / 视觉中国 提供

方式，也在一定程度上改善了黄河源头的生态环境。

随之而来的是，自驾前往麻多乡黄河源头的旅行者逐年增加，草原上随意行车、垃圾随手抛弃等不文明行为又带来了新的环境问题。为此，麻多乡在黄河源头设立生态保护管理站，严格执行人员和车辆限行制度，又在约古宗列曲源头泉水处修建了保护围栏，树立园区展示牌和告示牌等。这些举措，逐渐改善了麻多乡境内的生态环境，草原绿草茵茵，山间清泉潺潺，黄河源头水量增加，重现“一江清水向东流”的胜景。

喝一口清冽的黄河源泉水

离开麻多乡，又往西走了约40公里，公路左前方出现了一排木头房子。从这里拐进岔路，经过挂着黄河源头保护区管理站牌子的小木屋，土路终止在一个小院前。

我们把车开进去，院内只有两间平房，墙上一幅喷绘画吸引了我的目光，画面只剩下小半部分，依稀还能看出“第一家”几个字样。看来，这就是来之前在网上看过的、曾被媒体多次报道过的“黄河源头第一家”。

“黄河源头第一家”是离黄河源头最近的一户牧民，藏族阿妈曲忠和她的几个子女在这里住了几十年，在周边的草场上放养自家的牛羊。曲忠阿妈的儿子格求成了黄河源头的一名生态管护员，平时除了放牧，他还要巡护黄河源头的草原湿地，捡拾垃圾，记录野生动物的生活状态等。因为他家院子就在通往约古宗列曲最后几公里的道路上，他把自己看作守护黄河的第一个哨兵，在院子里立了一块刻有“黄河第一哨”的大石头。如今，这个“黄河第一哨”也在为前来寻访黄河源头的我们指引着方向。

/ 黄河湿地和起伏的群山 / 视觉中国 提供

从“黄河源头第一家”院子到黄河源头，直线距离也就四五公里，但就是这短短几公里的烂路，艰难程度超乎想象。司机师傅竭尽全力把握着方向盘，在湿滑的草地和泥塘般的水洼间迂回曲折地前进。一条小河拦住了去路，司机下车察看了一下路况，发现我们的车无法过去，无奈只能另寻出路。

就耽误了这么一会儿，我们就被前车拉开了距离。等到我们终于挪到一个岔路口，已经看不到前车的影子。没有手机信号，没有GPS导航，我们竟然在离黄河源头几公里的地方迷了路。

司机凭直觉走了一条上坡的路，当我们辛苦爬到山顶，眼前就是诞生了黄河的广袤的约古宗列盆地，远处一列山峰被积雪覆盖，那应该就是雅拉达泽山。极目四望，我们仍然没有发现黄河源头的踪迹。

没有办法，我们又沿原路颠簸下山，回到岔路口，再拐进另一条路。这次运气不错，远远地看到山坡下的白塔与五彩经幡，我们就知道，黄河源头到了。

走了几千公里的路，直到站在这一汪透明的泉水面前，我仍然不敢相信，我来到了黄河源头。这就是那条孕育了华夏文明、哺育了中华民族、滋养着沿途无数城市与乡村生生不息的大河的来处吗？

是的，这里就是万里黄河的源头。

山坡上矗立着20世纪八九十年代胡耀邦同志和江泽民同志分别题写的“黄河源”石碑，互相拍照合影后又过了好一会儿，我才按捺下激动的心情，仔细观察起眼前的黄河源。低矮的木头栅栏围住的这汪清泉，看上去毫不起眼，洁白哈达与五彩嘛呢石围绕着泉眼，泉水中放置着一块刻有“黄河源”三字的圆形大理石，旁边摆放着缠有哈达的水瓢。拿起水瓢舀起一勺泉水，我小口喝了下去。泉水清凉甘洌，沁人心脾，仿佛带着一丝万年不变的高原气息。

泉眼所在的这一片高山草甸，每年大部分时间都处于严寒状态，地底的冻土层阻挡了雨水与冰雪融水的渗透，使得它们在地表形成一汪一汪的浅浅

/ 上：黄河源国家地理标志 / 喻鹏 摄　　/ 下：黄河源题字石碑 / 喻鹏 摄

/ 饮一口清冽的黄河水 / 喻鹏 摄

清泉。而黄河源头最早冒出地面的这汪清泉，此刻就静静地从我眼前随着地势自然向下流淌，跌进一个小坑，汇聚又一汪清泉，然后继续向下，不断汲取点滴泉水，最终成为一条潺潺小溪。

从源头开始，我跟着水流往坡下走，最初水面仅有约10厘米宽，随着更多泉水的加入，水面慢慢扩展到十余厘米。我一会儿跨过去，一会儿又跳回来，玩着一步“跨越”黄河的游戏，乐此不疲。

一直往下走了快一公里，我们来到了八座黄铜铸砌的藏式佛塔前。1951年，十世班禅大师前往拉萨时经过此地，亲笔题词“赞叹黄河源头、赞叹藏汉携手、赞叹人畜兴旺”。如今塔前还供奉着十世班禅画像，同行的两位藏族司机小伙，掏出带在身上的洁白哈达，敬献在班禅像前。

继续向下，左侧一股泉水加入进来，两水汇流处堆满了哈达与嘛呢石，一块大石头上刻着“中华母亲河源头连青天”的字样，非常贴合此地的风景。

从这里开始，黄河终于有了一条溪流的模样，水量增大，宽度也超过一米，在水流平缓处，我们甚至发现几条小鱼在水中游来游去。

7月，是一年中高原天气最好的时候。温暖的阳光照耀着大地，小溪两侧的草甸上，开满了黄色的小花，它有一个好听的名字：云生毛茛。

云生毛茛生长在青藏高原海拔3000米到5000米的湿地草甸上，高原的夏天非常短暂，为了适应恶劣的环境，云生毛茛即使长在沼泽水中，只要有光照，仍然能绽放出与阳光一样艳丽的黄色小花，密密麻麻地铺满整片草甸，形成连绵的花海。仔细看，其间还点缀着紫色的点地梅与白色的卷耳，花朵微小，成簇开放，丰富了这片花海的色彩。

如果跟着溪流继续往下走，我们将看到黄河吸纳更多从山间涌出的泉水，不断积蓄着能量，并逐渐壮大为一条水面宽度超过10米的小河，以不可阻挡之势冲出孔雀峡，奔向东边的星宿海和扎陵湖。在那里，它将正式成为一条名叫黄河的泱泱大河，从此深深融入华夏民族的血脉之中，书写出一部煌煌中华文明史。

/ 上：被云生毛茛簇拥的黄河水 / 喻鹏 摄　　/ 下：黄河源园区的草甸 / 视觉中国 提供

与“黄河第一家”的短暂相遇

可惜还有近300公里的回程等着我们。在“黄河源”纪念碑前简单吃过迟到的午餐后，我们依依不舍地告别约古宗列曲，踏上归途。

再次经过麻多乡，我们在一家铁皮房超市前停下来短暂休整。超市老板叫李满兴，听说我们刚刚从黄河源头回来，他说他家以前也在那里，“应该算是黄河源头第二家吧。”

李老板是从外地来到麻多乡的，在这里一待就是几十年，他的妻子正好是曲忠阿妈家的亲戚，于是他爽快地答应帮我们约一下曲忠阿妈。

很快，一位藏族少年骑着摩托车载着曲忠阿妈来到了超市。笑容腼腆的他是曲忠阿妈的孙子，他告诉我们，不巧的是曾被媒体多次报道的格求今天赶着牛羊去很远的牧场放牧了，家里只剩下他和奶奶。

年过七十的曲忠阿妈只能听懂简单的汉语，我们的交谈是在李老板的翻译下进行的。曲忠阿妈告诉我们，她家曾在帮扶曲麻莱县的国家能源集团的帮助下搬到了麻多乡，住进了新房子，出门买菜、看病什么的都很方便，不过如今又搬了回去，希望能够一直坚守源头。她拿出自己的身份证给我们看，上面登记的家庭地址是“麻多乡郭洋村一组6号”，这个看上去很普通的

/ 曲忠阿妈 / 喻鹏 摄

地址，正是“黄河第一家”所在地，那个离黄河源头最近的地方。她还带来了那幅在网络上经常被提到的全家福喷绘画。画面中，曲忠阿妈一家身着盛装，笑容满面地看着镜头。

与曲忠阿妈一家一起生活在黄河源头的普通藏族人还有很多，他们曾经以淳朴的心愿守护着黄河源头的山山水水和草木枯荣，基于宗教信仰而生的对自然的敬畏，其实是最为淳朴的生态环保理念。如今，在三江源国家公园的发展过程中，他们又为生态的恢复牺牲了小家的幸福，离开了祖祖辈辈赖以为生的草场。正是如曲忠阿妈一家这样的无数普通家庭，为黄河源以及三江源的生态环境做着自己力所能及的奉献。

带着这样的感慨，我们与曲忠阿妈以及李老板他们挥手道别。短暂的相遇，仿佛为我们的黄河寻源之旅做了一个完美的收梢。

/ 立于黄河源头约古宗列曲的纪念碑 / 旦增桑周 摄

黄河源头有人家

曲忠阿妈，黄河源头第一家牧民

人物专访

/ 黄河第一家 / 喻鹏 摄

◆“黄河第一家”是怎么来的？

我们家祖辈都住在约古宗列，喝的是从山坡上流下来的泉水，在草坡上放牧牛羊。从小家里长辈就告诉我们，不能跨越泉眼河流，不能在泉眼河流旁大声说话，更不能在泉眼河流旁大小便。是这里的山和水养活了我们一家，我们也要真心对待它们。

后来，约古宗列曲被认定为黄河源头，我们家因为离黄河源头最近，慢慢地就被大家称为“黄河第一家”。我还记得大概是在10年前，有个人经过我家院子，为我们一家人拍了一张合影，这是我家的第一张“全家福”。这张照片放大后挂在墙上好多年，上面有“黄河第一家”几个字，好多来黄河源的人，都会在“全家福”前拍个照呢。

◆三江源国家公园的建立，对你们家的生活有什么影响？

国家公园是国家大事，我们当然要支持。我们之前虽然离开了祖辈生活的院子，但政府给我们在乡上安置了新家，我家的牛羊离开了草场，去了乡上的合作社。大儿子格求和女婿措加是最早做生态管护员的，每月都有固定工资，政府还给我们发草原禁牧补贴，这些加起来，我们家每年收入10多万块钱，生活过得很好了。

以前住在约古宗列，日子很苦，没有水，没有电，没有信号，冬天土房子里非常冷，只能靠烧牛粪做饭取暖，有什么事到乡上要走大半天。搬到乡上的牧民新居后，政府给新房子供暖，有自来水和电，出门买菜看病也很方便了。

◆ 生态管护员的工作辛苦吗？

我家现在一共14口人，有4个人都在做生态管护员，每个人每月能拿1800元。他们除了放牧自家牛羊，还要去巡视黄河源头，有时候一走就是好几天，骑马，骑摩托，路不好的话还得下来走路。辛苦肯定辛苦，路上要捡很多垃圾，遇到受伤的动物就要及时救助。这些事情以前我们在草原上也会做，这就是做我们自己应该做的事情，保护家园，保护草原。

我已经70多岁了，我们一家人又搬回了“黄河第一家”，我的心愿就是照顾好家里的生活，让孩子们能够放心地出去工作，我们一家还要为保护黄河源头尽一点力。

黄河源头的生态密码

专题 葛文荣

/ 黄河源园区中正在饮水的羊群 / 视觉中国 提供

玛多草原上的帐篷里，孩子们围着炉灶，父亲给孩子们讲关于草、狼和羊的故事。父亲说：牧人要把一捆草、一只羊、一匹狼运到河对面去，一次只能带一样东西。你们说，他应该怎么办啊？

孩子们七嘴八舌地争论着……

这是一个非常简单的小故事，却隐藏着黄河源头地区草原人维护草原生态和谐平衡的大道理。在与草原的相依相伴中，白天，草原就是牧人的自然博物馆，他们观察万物，从大自然中吸收生态智慧。夜晚，温暖的帐篷就是他们的大讲堂，他们在这里讲述草原万物、草原英雄以及做人的道理。人们在潜移默化中接受和传承了传统生态理念教育，一代又一代人以这样的方式，传承草原本有的生态文化和生态智慧。而正是在这样传统生态文明的支撑下，在千百年的历史中，黄河源头的草原生态才维持了该有的平衡。因此，生态文明可以说是解读黄河源头的密码。

世代生活在黄河源头的人们深知，脚下的这片土地是中国最重要、影响范围最大的生态调节区，水生态环境安全及质量关系重大，是中国数亿人口的生命之源，更是整个流域经济社会发展的动力之源，是中华水塔的重要组成。

生态地位的特殊性、自然环境的严酷性和生态的脆弱性，决定了生活在这片土地上的人们自然禁忌、自然崇拜的独特文化适应模式，而这些传统生态伦理成为构建黄河源头地区生态文化的重要因素。所以，在这里人们敬天惜地、热爱自然、顺应自然，认为万物有灵，且万物之间有着不可分割的关系。

夏日的草原，一坨牛粪会吸引来很多金龟子科虫子，它们勤劳地化解牛粪，让牛粪的养分分解到土壤当中，让牧草变得更加丰美。一只百灵鸟发现了这些虫子，饱餐过后，它的歌声更加清脆。

捡牛粪、储存牛粪是草原人的必修课。今天，阿妈计划和小扎西在帐篷旁边用牛粪做一个好看的图案。小扎西很认真地跟着阿妈学这种既装饰了生活环境，又储存了过冬燃料的方式。这是草原人的智慧，牛粪也就这样根植于草原人的生活当中，将来无论小扎西走到哪里，牛粪将永远是他思乡的一个符号。

牛粪在草原几乎无处不在，在草原人眼里，谁家牛粪多就代表谁家勤劳甚至富有。小小的牛粪在草原文化中有着这样举足轻重的地位，是因为牛粪在草原生态系统里起着承上启下、连接食物链、保障牧人生活的关键作用。因此，在草原牧人的眼里，牛粪和虫子是生态系统里不可或缺的环节。虫子引来了鸟儿，于是草原就有了鸟的欢唱。牛粪为草原提供了营养，草原又为牧人及动物提供了生存的庇护所，草原的生机勃勃与牛粪息息相关。

更为重要的是，玛多草原的冬季十分漫长，有了牛粪这种天然的燃料，冬季的帐篷不再寒冷，草原英雄格萨尔的故事才能得以传承。

玛多草原是英雄格萨尔的故乡，格萨尔的故事在草原上传唱了千百年。黄河源头的大地上广布着英雄们的寄魂山、寄魂湖、寄魂树等。我们发现，故事里的英雄们都会寄魂于山水自然当中。其实，这暗合了藏族文化中人类生命与自然万物紧密关联这种最朴素也最伟大的道理，也与今天我们提倡的“人与自然是生命共同体”的理念不谋而合。

比如，故事里敌我双方打仗时，总是先要毁灭对方的寄魂物，这也是在教育人们：破坏自然，人类就无法生存。

格萨尔的故事在草原妇孺皆知，有极强的传播力，

/ 以尸体为食的高山兀鹫亦是生态循环中的一环 / 视觉中国 提供

在草原潜移默化地影响着人们的言行举止。正是有了这种传统文化的熏陶和传承，草原人不管是在日常的家务劳动中，还是出行或放牧时，处处秉持着尊重自然、热爱自然的理念，谨慎地与大自然相处，维持着黄河源头地区的美丽祥和。

离扎陵湖不远，有一处曾经的矿坑，经过治理后，牧草开始恢复生长。这个矿坑见证了曾经那段令人汗颜的历史。那些年，人类贪婪而疯狂，挖掘草原下的黄金，又去寻找草原上的“软黄金”冬虫夏草。已然度过饥荒年代的人们，仍在贪婪地猎杀草原上的野生动物，以满足自己的口腹之欲。曾一度出现的偷捕乱猎、乱采滥挖，以及无节制的放牧，给草原造成了深深的伤害。

草原是黄河源头人们赖以生存的根本，水资源减少、土地沙化、草原退化、野生动物锐减等现实，极大地刺激着世世代代以草原为生存根本的牧人们，他们开始反思自己。

同时，天灾人祸导致的草原生态危机也引起从中央到地方政府的重视，对草原生态恢复的投入不断加大。从2005年开始实施的三江源生态修复工程总投资超过百亿元。这是中国人在海拔最高、最为艰苦的地方实施的工程之一，也是人类在高寒地区开展的旨在拯救三江源的伟大工程，这为三江源带来了明显的生态恢复和变化。

曾经的生态破坏在玛多表现得最为突出，痛定思痛，玛多人想要改变这种现状的愿望也是最为强烈的，因此，这些年采取了废弃矿山环境治理、清洁取暖示范区建设、乡村人居环境综合整治攻坚战、水污染防治等行动。

随着投入力度的加大，以及连续多年生态保护工程的开展，黄河源头受到的影响是深远的，生态总体表现出了“初步遏制，局部好转”的良好态势。多年平均植被覆盖率明显提高，草地的载畜压力指数明显降低，湿地与水体生态系统整体有所恢复，生态系统水源涵养和流域水供给能力提高，野生动物栖息地环境明显改善，生态保护成效显著。这为中国首个三江源国家公园的建设和青海省建设国家公园示范省奠定了基础。

党的十八大以来，习近平生态文明思想在黄河源头引起了极大的共鸣。居住在源头的人们秉承传统生态保护理念，对生态文明有着深刻理解。生态文明建设成为一种从政府到基层群众一以贯之的自觉行动。

近几年黄河源头地区开展了立体式的生态保护行动，打响了蓝天、碧水、净土保卫战。如今的黄河源头地区，农村环境连片整治项目在全省率先实现全覆盖。大气、水、土壤污染防治项目实现零的突破。全域水环境、空气质量、乡村人居环境等指标在全省均位列前茅。从党委政府到普通群众，生态文明理念深入人心，保护环境的行动风生水起，生态文明程度逐年提升。

如今，黄河干流出境断面水质保持在Ⅰ类。果洛州府所在地饮用水水源水质达标率为100%，县级以上城镇饮用水水源水质达标率为100%，环境空气质量优良天数比例达到98.5%，环境质量在全省考核中名列前茅。

夏天，草原进入最美也最热闹的季节。对于一年当中只在草原驻留两个月的绿色，草原人倍加珍惜。他们或放声歌唱，或舞动长袖，或策马驰骋，用这样的方式表达对天地万物的感恩和对生态文明和谐、家园美丽幸福的期盼。

草原人很清楚，他们的幸福来自绿色美丽的家园、和谐稳定的生态环境。只有绿色、文明、和谐的草原，才能为生命的延展和轮回提供平台，黄河源头的这片热土才会变得圣洁如天境，人们才会发自真心地膜拜和感恩这片土地，才有果洛人世世代代的守望和相依相伴。

（本文作者为青海省自然文学协会副会长）

第二章 两湖一碑，自然与传说的奇遇

玛多县被称为千湖之县，但从县城向西，远离现代化的建筑和设施，才进入真正的与湖相伴、因湖而生的世界。这世界包含鄂陵、扎陵双湖，滋养着黄河源的自然环境和野生动物，也为当地的文化渊源和历史传说提供了来

/ 掠过鄂陵湖的棕头鸥 / 喻鹏 摄

源依据。与此同时，牛头碑这样的地标也在此区域里，人文的故事与人（管护员）的故事交织在一起，是黄河源园区多样化且人与自然和谐共处的生态范本。

进入黄河源的动物世界

在千湖之县玛多，云尤其浓厚，厚到轻易遮住太阳。天上千朵云，映在地上的千座湖里，水天一色。由玛多进入黄河源园区的一路上，冻土层造成路面沉陷，车子像鼠兔一样跳跃着前行。将“平原区”的牌子甩在身后，就进入了湖和山总连在一起的“景观大道”，在翻越数不清的山峰的旅程中，大湖总是相伴。

真正的高原鼠兔躲在道路两侧的草甸里，挖出一个个裸露着土壤的鼠洞。但这洞的大小与三江源国家公园曾有的上百个盗采矿坑比可不算什么，如今那些坑已被填补完好，重新长出牧草，这是三江源生态恢复工作成果的一部分。

这是我第一次去往黄河源园区，甚至是第一次到达果洛地区，从看到第一只高原鼠兔开始，旅行的兴奋感就被点燃了。我掏出相机对着它们拍啊拍，生怕一旦错过就再也见不到。可是越深入自然腹地，这种能长到两个巴掌大的动物就越随处可见，甚至在你不希望它出现的时候，跑进照片里。

2014至2015年，玛多当地采取可持续的方式，促进鼠兔天敌——大鵟的繁育，以更符合自然规律的方式调节生态平衡。在黄河源园区，每隔几百米

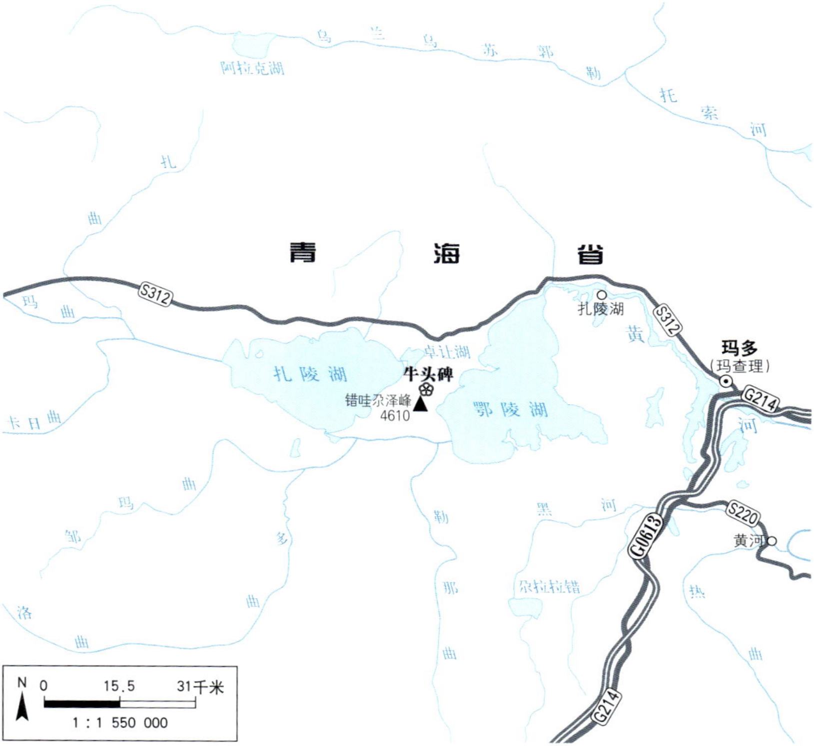

/ 扎陵湖和鄂陵湖 /

远就建有一个招鹰架，为这种猛禽提供歇脚的平台。

有时候，大鵟也停留在路牌或网围栏上，在招鹰架被有规模地搭建之前，它们更多的是在抢占这样的生存支点。我将车停在路边，抬头看急转弯提示牌上的猛禽，澄澈的闪着光斑的眼睛，尖锐的令人生畏的坚喙，油亮的灰褐色的羽毛，这位鸟类食物链顶端的王者也盯着我——一个进入领地的打扰者。最终，发现我并不在它的食物列表里，它梳了一下翅羽，摇了摇头，一跃而上晴空，头也不回地滑向远方。对黄河源园区的野生动物来说，人类

/ 两只亲密的高原鼠兔 / 喻鹏 摄

这样的闯入者总是不值得搭理，我们带着好像未更事的粗浅好奇心，大惊小怪地叨扰了它们平静的生活。

除了大鵟之外，黄河源园区中还大量生活着斑头雁、白鹭、赤麻鸭等鸟类，鄂陵湖边的鸟岛上有包括它们在内的十数种鸟类自在栖息。

最常见的大型草食哺乳动物则是藏野驴，官方统计已经达到了3万多头。就像初见高原鼠兔时的兴奋，第一头藏野驴的现身也令我激动不已。它在雪山的背景中低头吃草，白腹棕背，长脸鬣鬃，偶尔悠闲地甩甩尾巴，我像替格萨尔王寻找江噶佩布宝驹的珠姆一样，就快唱出了天马赞歌。后来，就见怪不怪了。藏野驴太多了，它们随时会出现在你的视野里，有时孤傲地独自站在山坡顶点，有时悠闲地藏在草甸背后看你，有时随着公路上的汽车奔跑，有时成群地迎着朝阳漫步草场，最多的时候一群有上百头。

植物、食草动物、食肉动物在黄河源园区形成了一个生态食物链闭环，其中也包括一些几乎没有天敌的“选手”。园区里狼（国家二级保护动物）的数量已经达到千头，它们以藏原羚为食，却没有什么对手，幼狼的成活率几乎达到100%。由此，仅有两三千头的藏原羚种群受到了威胁。不但如此，这些藏原羚有时还会被网围栏缠住，或者掉下泥坑，也有可能在过河迁移过程中遇险，总之命途多舛。人为减少任何一方的行为都是不明智的，就算是应对“凶恶的野狼”，园区工作人员能做的也只是帮助促进藏原羚繁殖，包括投喂草料，救助掉队的老弱病残并在条件允许时放归，以及重新审视和考量曾沿路拉起的网围栏的利弊。

网围栏曾在一定历史阶段起到了积极作用，保护草山，划出禁牧区，阻止家畜进入，同时也是牧民划分草场范围避免矛盾的依据。但现在已经不存在这些问题了，生态文明建设也是黄河源园区工作推进的一部分，人与自然愈加和谐相处。太多的网围栏已经对野生动物的迁徙构成阻碍，在现今的三江源国家公园建设阶段，政府正在提倡将网围栏合理地慢慢拆除。在没有网围栏的旷野里，你可以更清晰地观察到那些敏感的动物，例如只在草丛中露出长耳朵的灰尾兔，以及长着一张呆萌方脸的藏狐。

黄河源园区包括三江源国家级自然保护区的扎陵湖—鄂陵湖和星星海两个保护分区，面积3.17万平方公里。这块集草地、湿地、森林、河流、湖泊、雪山、冰川和野生动物为一体的神奇大地，展现了地球上年轻的地貌、造就了独特的高原高寒山地气候，保存了大面积的原始风貌。在我们短暂而“走马观花”的黄河源之旅中，狼、藏狐、黑颈鹤（国家一级保护动物）一一现出真身，更不用说数量更多的藏原羚和岩羊（国家二级保护动物）了。黄河源园区以及整个三江源首先是野生动物自在生活的家园，其次才是让我们开阔眼界的旅行乐园。

◇◆◆保持距离

无论是出于保护野生动物还是保护自己的考虑，观察和拍摄野生动物时都请保持足够的距离。当使用无人机拍摄时，请遵守相关法规，同时避免惊扰野生动物。注意天空中鸟类的飞行轨迹，不要使用无人机追逐动物拍摄。喜马拉雅旱獭等看似可爱的野生动物有传播鼠疫的风险，不要触摸。

/ 上：觅食的藏野驴 / 喻鹏 摄　　　/ 下：独行的狼 / 喻鹏 摄

牛头碑旁一目三湖

在工作人员的陪同下，我们的汽车摇摇晃晃地沿着规划好的方向蜿蜒前进，身后甩起的烟尘可以延续数公里不散，如迷雾一般。这已经是环湖地带最好的道路了，此外只能开上沙地，避开滩涂，在无路可循的自然天地探索。

要不是远处绵延不绝的雪山作为背景倒映水中，鄂陵湖真的好像汪洋大海。

湖水面积650平方公里的鄂陵湖，在藏语里被称为“措鄂朗”，意思是青蓝色的长湖。它平均水深18米，最深处可达32米，从空中——或者仅仅是从悬崖边的观景台上俯瞰，极为清澈的湖水呈现出多种深浅不一的蓝绿色彩，构成的形象好像巨鲸或是什么水中神兽的骨架。

鄂陵湖东西短，南北长，整体形状像是一个巨大的宝葫芦。从进入黄河源园区并穿过平原地带之后，鄂陵湖就好像永远在你的视野里。无论是沿湖缓行的一路相伴，还是翻过山头后的柳暗花明，你所遇见的每一片蓝色，都是鄂陵湖的一部分，足见它的面积有多广大。多样的地貌在湖岸上依次展开：峡、崖、岛、滩。雪山层层叠叠造就出白色的峡湾，赤棕的岩石堆叠成

/ 蓝绿色的鄂陵湖 / 喻鹏 摄

高耸的悬崖，沙砾和卵石混合在一起成为黄灰色的平缓湖滩，浓绿的岛屿一边和漫山的草甸连成一片，一边像手臂一样，伸进广阔的蓝湖中央。

藏语称为“措嘉让”的扎陵湖，与鄂陵湖相距15公里，意思是白色的长湖。从山坡上望向湖面，远处是翡翠色的淡绿，离近岸边的水域则呈白色和米黄色，在阳光和云彩的遮映下有时还会呈现柔和的粉。整座湖平均水深9米，最大水深13米，东西长37公里，南北宽23公里，像一只形状优美的大贝壳。

扎陵湖湖面有545平方公里，面积不如鄂陵湖。但在传说中，拟人化的扎陵湖却是鄂陵湖的哥哥。传说很久以前，从岭地走出嘉洛、鄂洛、卓洛三兄弟，来到玛多的大湖区定居，他们在此繁衍生息，后代安居乐业，于是人们以他们的名字命名了湖区中相邻的三座大湖，即扎陵湖、鄂陵湖、卓让湖。

其实，嘉洛就是《格萨尔王传》（五洲传播出版社，2010.12）中被称为“福泽丰厚的富人”的嘉洛·敦巴坚赞，他是岭国嘉洛部落的首领，领地包括现在的扎陵湖地区，曾在此帮助格萨尔完成赛马称王的大业。而嘉洛的女儿，就是格萨尔王的第一王妃珠姆。据说珠姆就出生在扎陵湖畔的宫殿里，现在遗迹尚存。

位于山坡顶点的珠姆王妃宫殿遗址，虽然环境已经破败，但经幡招展，牛头骨威严地摆置在嘛呢堆上。珠姆王妃的塑金雕像神态凛然，在猎猎西风中注视着扎陵湖。如今我们只能根据《格萨尔王传》（五洲传播出版社，2010.12）中的记载来想象嘉洛·敦巴坚赞和珠姆家是多么富有，格萨尔王在赛马开始前到嘉洛家中接受了赠礼和这样的祝福——“送上九宫四方的毡垫，愿觉如（格萨尔称王前的名字）登上四方的黄金座；送上镂空的金宝鞍，愿觉如做杀敌卫国的大丈夫；送上‘如意珠’和‘愿成就’，愿

/ 上：嘛呢堆上威严的牛头骨 / 喻鹏 摄　　/ 下：嘛呢石 / 喻鹏 摄

觉如做邪鬼恶魔的降服者；送上饰着白螺环的宝镫，愿觉如为众生做出大事业……”

曾经的贵族神圣之地，如今是牧民的安家处。扎陵湖与缓山坡连成一片，要不是一条土路将它们分隔开，青色、米色、白色的湖水与黄色、绿色的山坡以及蓝色的天空将形成最自然的色彩过渡。几座白色的毡房静静立在山坡远处，日光透过云层将它们晒亮，远远望去，“天上的玛多”之名一下就进到了脑海里。

毡房前有汽车，有藏獒，却没有牦牛。一年四季草场流转，此时牦牛们已经迁往冬季牧场。牧民家中的十几头到六七十头牦牛有时会被集中在一起，通过专业的合作社联合放牧，一个草场最多放牧9个月，以达到自然的平衡。

我们继续前行，绕过迎亲滩旁的多卡寺，向远离湖岸的方向拐弯，沿一条路前行直至积雪若隐若现的错哇尕泽山脚。通过数个陡峭的W形折弯道驾车上山，不由得让人担心车子的性能能否应对如此刺激的路况，当终于抵

“天马”江噶佩布

《格萨尔王传》（五洲传播出版社，2010.12）里记载格萨尔王的坐骑江噶佩布是天马千里宝驹，能够飞天，说人话，懂人语，还能明辨善恶是非。这匹马的鬃毛和尾巴像松耳石一样碧绿，身上的毛像红宝石一样闪着红光，滚圆的四条腿不停地踢踏跳跃。最初珠姆想用天界的日月神索来捉捕它，没想到在一首颂歌后，江噶佩布主动走过来回应，就此辅佐格萨尔王。

/ 牛头碑 / 喻鹏 摄

达一片可以用作停车场的半山空地时，更让人担心的是不知自己是否会有高反。从半山空地抵达山顶，还需要走过8个拐弯，才能看到海拔4610米的那块纪念碑。

山顶视野开阔，风光一览无遗，环顾一周，扎陵湖、鄂陵湖、卓让湖连在一起，就像在此共同建造家园的嘉洛、鄂洛、卓洛三兄弟，围绕着“玛多十三圣山之一”的错哇尕泽峰。

真正位于错哇尕泽峰山尖上的，是黄河源牛头纪念碑，它是黄河源头的标记，也是黄河源园区最重要的地理和精神地标。

1988年，玛多县人民政府于此修建了这座“华夏之魂河源牛头碑”，碑体总重5.1吨，纯铜铸造，碑身高3米，碑座高2米、宽2.8米。已故十世班禅和胡耀邦同志分别为纪念碑题写了藏汉文“黄河源头”字样。碑上还刻有玛多县人民政府撰写的碑文，使用铜版铸模镶嵌，碑式别致，字体雄浑。

纪念碑选择了原始图腾神圣的崇拜物——牛，以其角粗犷、坚韧、有力的造型，象征着中华民族勤劳智慧、坚韧不拔的性格。牛头碑的背后是一座大型经幡台，几座小型的嘛呢堆散落碑座四周，象征和平的箭台高耸。伫立碑前，仰首观望，不禁感受到中华民族强烈的凝聚力和向心力，以及傲然不屈的精神力量。

/ 象征和平的箭台 / 喻鹏 摄

两湖相交源头考

关于格萨尔王的生活年代，史料记载相当不统一，一个被大众认可的较早考证时期是9世纪。传说少年觉如曾受陷害，与母亲一起被放逐到离阿尼玛卿山不远的一片荒凉之地，他们母子二人从长江上游金沙江出发，历尽千辛万苦，来到九曲黄河的第一个大拐弯处玉隆松多住了下来。那个地方叫作黄河川（大约是今天的玛曲地区），是后来岭地百姓迁居前往的地方。

黄河源头的那一个“点”究竟在哪里，学界有几种不同的认识和说法，且争论从未停止。从古代的昆仑山，到近代的卡日曲和玛曲之争，关于黄河源头认定的不断调整改变，是在自古“河源唯远”基础上的认知更新和误差修订。河流的流量、面积和走向等都会对测量起到至关重要的作用，有时，这些测量数据是根据季节和气候而变化的。

但从文化溯源来看，扎陵湖与鄂陵湖的相交处，也就是1988年河源牛头碑所标示的地方，有着关于黄河源头的重要文化和历史依据。

吕思勉先生在《中国通史》里写道，吐蕃英主弃宗弄赞，太宗时始和中国交通，尚宗室女文成公主。弃宗弄赞就是松赞干布，文成公主遣嫁吐蕃是在唐贞观十五年（641年）。

松赞干布第一次派使到汉地请婚是唐贞观十年（636年），遭到了李世民的拒绝。之后，吐蕃发兵攻打吐谷浑的青海以南地区，进而在贞观十二年（638年）七月爆发松州之战。战后第二年，第二批请婚使到达长安，太宗在使臣返回后，经过战略安定的考量，才同意了这门婚事，在远支亲属中挑选女子，封为文成公主。

随后松赞干布派禄东赞带着金宝致礼再至长安。贞观十五年（641年）正月，文成公主在唐送亲使江夏王李道宗和吐蕃迎亲专使禄东赞的伴随下由长安出发，于夏天到来之前到达吐谷浑。此前唐击败吐谷浑之后，吐谷浑称臣，吐谷浑首领被唐朝册封为河源王。松赞干布亲自到柏海迎接，并由李道宗代受子婿之礼。《新唐书·吐蕃传》记载："弄赞率兵次柏海亲迎。"据学者研究，"柏海"便是今天黄河源头扎陵湖、鄂陵湖一带，大约在长安至拉萨唐蕃古道的中间位置。而一些难以证实的说法又将这个位置精确到错哇尕泽山下的迎亲滩，多卡寺的正前方湖岸边。据说松赞干布和文成公主的成婚仪式在此完成，洞房花烛后继续前往吐蕃。从长安到吐蕃，文成公主进藏花了将近一年时间。

扎陵湖和鄂陵湖是黄河源头最大的两个淡水湖，犹如镶嵌在高原上的两颗璀璨明珠，又像是手拉手肩并肩伫立在黄河源头的姊妹。站在两湖之间的错哇尕泽峰上，左手边的鄂陵湖，湖水呈现出数不清种类的蓝色；右手边的扎陵湖，在光影转化中不断变换着湖面色彩。布尔汗布达山和巴颜喀拉山一北一南，双双守护着湖区。2005年，扎陵湖、鄂陵湖被列入《中国国际重要湿地保护名录》。

沿着鄂陵湖湖岸一路向西，经过一块水草丰美之地，看到片片沼泽连成

一望无际的浅滩，扎陵湖就到了。在两湖相交的地方，一湾湖水由扎陵湖喷涌而出，同时掀起渔获，吸引着无数水鸟飞舞觅食。在“文化源考派”学者看来，这个小小的“河口”就是黄河的源头，在约古宗列曲、卡日曲等汇集进入扎陵湖之前，它们都只是“自己”。而从扎陵湖流出，形成一个冲积扇面后再入鄂陵湖，大河才真正以“黄河”之名奔流向海。

每个站在扎陵湖“黄河源头”的人，内心都会百感交集，脚下灰黄的水流并不壮阔，既没有下游壶口或入海口那种气势磅礴的力量感，也没有宽不

/ 扎陵湖 / 视觉中国 提供

可渡的压迫感，甚至于，一座小桥下的数个涵洞，就能将幼小的黄河收纳在其中。但另一方面，从遥远的雪山与草地汇聚来的溪流，带着成长的基因，在时间和空间的双重维度下，在历史与文化的加持下，在泥沙和矿物质的填充下，从小到大，由无鱼之清到纳物之浊，由单薄到厚重，由自我流淌到承载万物，滋养天地，黄河一路流淌，一路变迁，在文化上正映射了中国人一生的成长故事。

从“黄河第一河口”向鄂陵湖和玛多县方向返程，先经过的是黄河第一桥。在这里，黄河第一次以壮阔的姿态和标志性的颜色进入普通人视野。浩浩汤汤的大河由缓到急，由细变粗，从上游奔腾而来，经过一个大拐弯，众多细流汇成一股，又快速地分流，将大地冲得支离破碎，化作万千支流继续向前。

其实在早些年，从玛多县到鄂陵湖再到扎陵湖的公路是修在黄河沿线的，沿河而行，沿水而居，始终符合人类朴素的生存准则，但后来因为黄河数次泛滥导致道路毁坏，鄂陵湖与扎陵湖地区的人们才将道路修在了现在远离水道的地方。所以在黄河源园区里，除了上述几个特定的位置外，能看到黄河的机会并不多。从第一桥开始，黄河就绕过茫茫的黄河源园区，消失在我们的视野里，直到又在玛多县重新“出现”。

从玛多县的玛查理镇出县，沿214国道东行，用不了两三公里就能到达距离黄河最近的停车点，道路与黄河只有一片河滩的距离。这一段的黄河更加“纯粹”，水色已经偏向红橙。从地图上看，黄河在这里弯弯绕绕，九曲连环，挣扎着变得更加强大汹涌。但在黄河河道之外，葱郁的山峰，青蓝相交的湖水，斑驳起伏的河岸，构成了一个充满神秘感和艺术感的奇妙梦幻世界。

◇◆◆自驾请注意

不建议驾驶轿车或城市SUV游览黄河源园区，硬派越野车配备百路驰那样的全地形越野轮胎是首选。无论如何，进入黄河源园区都应该按照既定的路线（正规道路）行驶，请勿进入无路的山区或山地，严禁进入核心保护区。园区内只有部分范围有手机信号覆盖，最好携带对讲机。

/ 俯瞰黄河第一桥 / 喻鹏 摄

管护员的故事

尼玛才让和整个黄河源园区另外的3141位管护员都是当地人，他们每天行走在3.17万平方公里区域里的19个行政村中，巡视保护着山湖、草原、野生动物，修复受损的生态环境，保证生活生产的安全。

玛多县正在全面推行推进“六位一体”网格化管理，将园区内的生态管护员转化为网格化成员，赋予了他们“生态保护、精准扶贫、维护稳定、民族团结、精神文明、义务教育”等职责。尼玛才让是鄂陵湖和扎陵湖区域管护队的队长，他和队友们每天的工作流程既简单又复杂。按照他的说法，自己的工作就是走和看，做得最多的都是琐碎小事：发现死亡的鸟类及时上报，然后等待保护站派人来确认死因——正常或是意外，这背后，可是避免大规模疫情发生的防疫大事；巡查有没有人乱扔垃圾或在湖中洗衣，这背后，是对绿水青山一丝不苟的珍爱。

在管护队队员眼中，这样的工作自然自在，甚至于，成为管护员，只不过是从个人对黄河源的保护升级到统一管理保护的“小小变化”。一直以来，当地人都热爱着生养自己的这片土地，保护从来都是自发的。管护员的准入年龄从18岁到55岁，身体条件允许的情况下，对于家庭条件较差的人，

/管护员尼玛才让/喻鹏 摄

可放宽工作年限到60岁。在以前，自发的保护出于热爱，而现在同样的保护行动变成了收入稳定的工作，同时也是区域内退牧还草政策下的一项惠民措施，生态、政府和百姓三方得到了共赢。

从20世纪90年代到现在，鄂陵湖肉眼可见的变化就已经很大，在长期积极的保护和不断完善的政策推动下，本地生态得到了恢复与发展，湖的面积增加，水位上升，颜色也如碧玉般好看。以前湖上飞鸟稀少，现在鸟却常飞在眼前。以前湖上的过度捕鱼情况早已消失不见，为了还生态以自然，鄂陵湖已不允许通航，水面上也再没有了漂浮的杂物。过去冬夏草场互换迁徙中产生的一些垃圾也都清理完了，这也是管护员日常工作的一部分。

人的思想和心态也变得更加积极而健康，三江源国家公园的建立，对环境的影响是极好的，对当地人来说，自己的家园更美了，生活当然也更幸福。宏观的变化是水美了，山美了，微观的变化在于人的精神世界。

“以前有些老百姓家里脏乱差，现在国家公园成立后，连外面都很干净，家里就更要干净了。”尼玛才让说，“现在的游客素质也更高了，整个国家的生态文明建设成果也在黄河源显现出来。2015年刚开始组建管护队的时候，我们的工作要更辛苦一些，当时环境脏乱，人的意识也没提高，工作难度很大。而现在，一切都变得更好，工作中也没有太大的压力了。”

黄河源园区的管护队员们一路走来，接受过一系列的专业培训，从最初发现一头将死的藏野驴却不知道怎么救助，如何对接，最终只能放弃，到现在已经可以救助棕熊（国家二级保护动物）了。

园区里的一些牧民在搬到冬季草场后，夏季草场空置的房子会遭到棕熊破坏。棕熊不喜欢和人接触，却喜欢人留下的蜂蜜和点心。管理员吉多曾代表玛多县夺得过果洛藏族自治州的拔河冠军，在他老家附近的一座房子里，一只四五岁的贪吃熊闯了进去，出来时，头上“戴”了一只装杂食的水桶，它因害怕而奔逃，横冲直撞。吉多和同伴共8个人，先用绳子拴住棕熊脖子，再用剪刀破坏掉水桶，几乎徒手营救，最终将棕熊放归。

“紧张得很。”吉多皱皱眉说。

/ 扎陵湖与鄂陵湖卫星图像的合成图片 /

像很多黄河源的牧民一样，吉多一家过去住在牧区山里，20世纪80年代搬到适宜居住的多涌村，后又搬到玛多县城。他既是退牧还草政策的响应者，也是城镇化建设的参与者。

现在的吉多成了管护队的一员，工作之外他也热爱自然山湖，常常带着母亲和妻女返回牧场中的老家看看，也常到离县城不远的星星海野营，带一壶奶茶，度过一个下午。他的女儿有个诗意的名字“达瓦拉姆”，意为月亮仙女。

/ 管护员吉多和他的女儿 / 喻鹏 摄

/曲洋才让/喻鹏 摄

◆黄河的源头有很多说法，包括约古宗列曲、卡日曲、两湖区域等，您认为真正的源头在哪里？

玛多这边老百姓普遍的看法就是扎陵湖是黄河源头，虽然黄河源头的说法各有不同，但从文化的传承来说，扎陵湖为源头的说法历史久远稳固。我们认为约古宗列是卡曲河的源头，直到从扎陵湖流出后，黄河才可以被称为“黄河”。这也是经过科学论证的，得到了国家的认定，刻在了牛头碑上。所以现在也把黄河源园区管委会设立在玛多县。

◆黄河源园区管委会和三江源国家公园管理机构是如何运作的？职责有哪些？

三江源办公室是三江源国家公园的前身，第一期运作从2005年开始。早期的玛多以畜牧业为主，草山和雨水都好。后来多种原因造成草场退化，例如气候变暖导致雪山冻土融化蒸发，草原所需的水量就跟不上了。20世纪80年代的气候干旱还造成黄河断流，源头的水位也下降了。同时过去的滥砍滥挖滥采，以及无规划的盐湖开发，破坏了这里的自然生态。

三江源生态保护和建设一期工程花了近10年时间，采取了人工草补播、草原有害生物防控等治理措施。从2015年开始，三江源国家公园启动了第二期生态治理，主要是有针对性的防沙治沙和网围栏修建。现在我们黄河源园区管委会就是三江源国家公园管理局的下属单位，平级的还有长江源园区管委会、澜沧江源园区管委会。

在管委会设立之前，黄河源区域由县上的各职能部门分别管理，国土、环保、林草、水利等各自运行，国土管国土，防火管防火，林业管林业……大部制改革后，增设了专门的生态环境和自然资源部门，整合了原来的国土、环保、水利、林草等机构。现在园区管理和环境保护的力度更大，责任职能更明确，工作的效率也更高。

◆ 在您小时候，黄河源区域的环境是什么样的？和现在有什么不同？

我是1970年生人，老家就在花石峡。那时候小孩子上学的机会很少，要看各自的家庭条件，也要看学校的接纳条件，很多情况下条件都不允许。有时候，一家几个孩子要抽签决定谁可以去上学，我就是幸运的那个。我小学在花石峡，初中到县上读，之后读了三年半中专，慢慢一步步往更高级别的学校努力，很幸运赶上了好的政策。

我们小时候，玛多的生活环境还是十分艰苦的，高速路还没通车，即使有路，家里也没有汽车。水电不通，牧区生活必要的柴油发电机那时也不普遍，现在都是标配了。人们住在牛毛毡房里，不知道电话是什么东西。我上学的时候，整个乡上只有一辆北京吉普。

后来西部大开发和涉藏地区的发展政策出台，玛多县和黄河源就有了翻天覆地的变化。玛多县城从20世纪80年代开始开发，那时还成为全国前列的富裕县，全县拥有60万头牛羊。很多牧民家庭从那时开始几次迁移，从牧区搬到了县城。

现在的老百姓每家每户都有车，同时也有不少人留在牧区，因为我们这边畜牧业仍然是第一生产力。留在牧区的牧民享受着标准的国家三配套供给：房子、畜棚、网围栏，以及必要的冬季牧场和夏季牧场。每个人都有自己喜欢的生活，也能在自己选择的生活里安居乐业。

/ 遥望鄂陵湖 / 视觉中国 提供

高原姊妹湖，见证黄河源上的生命轮回

专题 | 李帆

/ 航拍视角下的鄂陵湖与扎陵湖 / 视觉中国 提供

“黄河源园区位于三江源国家公园东部，黄河流域西部，属典型的高原大陆性气候，植被类型以高寒草甸、高寒草原为主，局部为高寒荒漠、沼泽地。园区内河流纵横交错、湖泊星罗棋布，形成了独特的高原湿地和草地生态系统。”

翻看黄河源园区的大小文献，研究区域地理的介绍语言总是客观中立，精准介绍黄河源园区的地理位置、园区环境、气候植被等地理信息。上述语言展现了科学文献一如既往的精准简洁，如同一把泛着金属光泽的手术刀在快速切割，冷静而理性。但这些文字的背后，蕴藏的是祖国的大好山河，是宛若姑娘眼眸的美丽湖泊，是厚重的文化历史，是生活在这高寒极地上的自然生灵，它们在此栖息繁衍，和这里的人们和谐共存，生生不息。

“黄河之水天上来，奔流到海不复回……”三江源国家公园黄河源园区位于平均海拔4200米的果洛藏族自治州玛多县境内。在远古高原隆升、造山运动的巨大威力下，巴颜喀拉山、阿尼玛卿雪山坐落在此处，其上皑皑白雪和蜿蜒的亘古冰川，在热力的作用下逐渐融化成水，在重力和山脉刻画下，自上而下汇聚成流，如同条条白色的哈达戴在高山的躯体之上，并在山前形成大大小小的湖泊，仿佛白蛇在穿行过程中甩下的鳞片。而扎陵湖和鄂陵湖便是黄河穿行之路上最为著名的姊妹湖。

三江源国家公园内湖泊众多，面积大于1平方公里的有167个，其中黄河源园区有36个。面积最大的鄂陵湖是黄河上游的大型高原淡水湖，又称鄂灵海，古称柏海，藏语称错鄂湖，意为“蓝色长湖”。它距离面积第三大湖的扎陵湖15公里，与扎陵湖并称为“黄河源头的姊妹湖”（当地人则认为有三姊妹湖，分别是扎陵湖、鄂陵湖、卓让湖）。它们的另一层身份是扎陵湖—鄂陵湖国际重要湿地，是中亚鸟类迁徙路线上重要的候鸟繁殖地和停歇地。

鸟类不仅是湿地生态系统中的重要生物类群，而且是湿地环境状况重要的指示物种。20世纪60年代初的调查结果表明，扎陵湖和鄂陵湖所在区域有鸟类9目18科38种。2010年和2013年，在扎陵湖—鄂陵湖自然保护区分区，共记录到51种鸟类。2013年至2014年，在青海省三江源的6个自然保护区分区，共记录到28种鸟类。2015年至2017年的鸟类调查结果和相关文献资料表明，三江源国家公园内分布着野生鸟类18目45科121属196种，黄河源园区中有鸟类87种。

我喜欢观鸟，也曾来到过黄河源园区的两个大湖进行鸟类调查，翻看以往有关黄河源园区，乃至三江源国家公园的鸟类调查文献，一个个熟悉的名字浮现在眼前。还记得在2018年3月，我第一次来到三江源黄河源园区，抬着单筒望远镜漫步在鄂陵湖湖边。那会儿虽未开湖，但湖口两侧还保留着未被冰封的水面，我裹着厚重的保暖衣物，刺骨寒风冲击着裸露的面部，带来些许寒意，但看着水中游弋的各种鸭子，我感到了宁静和温暖。赤颈鸭、绿翅鸭、绿头鸭、针尾鸭、琵嘴鸭……它们形态各异，五颜六色，就像彩色的石头撒在浅蓝色的圆盘上，在早晨阳光的照射下在水面惬意荡漾着。

相比长江中下游地区，尤其是鄱阳湖、崇明岛这样生境类型丰富的地区，这里的水鸟种类不多，但两片大湖依然滋养着路过这里的每一个生灵，是它们在漫长的迁徙旅途中可以休息的净土，就好像是神秘藏地对都市人群的意义一样——给予被快节奏工作及生活压力折磨得疲惫不堪的灵魂美好的诗和远方，一个能够疗愈身心的梦想港湾。

到了夏季繁殖季节，湖边的雁鸭种类少了起来，但成群的斑头雁和赤麻鸭聚集起来，在此繁殖。这些白色或橙色的雁鸭布满了大小水塘，就像一个个漂在锅中的饺子，场面颇为壮观。尤其是7月中旬之后，还身披绒羽的斑头

/ 扎陵湖中游弋的斑头雁 / 视觉中国 提供

雁宝宝一个个尾随在父母身边玩耍嬉戏，其乐融融。此时的大湖成为鸟类的育婴室，提供了安全的环境和丰富的食物，让一代又一代的夏候鸟在此孕育下一代，完成生命历程中最为重要的环节。

扎陵湖和鄂陵湖岸边除了高山裸岩还有高寒草甸，水草混合之地正适合黑颈鹤栖息。这是国内唯一在高原生长和繁殖的鹤，它们常成双结对漫步在被水淹没的沼泽草甸上，以植物叶、块茎为食。它们彼此忠贞不贰，对着永恒的伴侣跳着优雅的舞步，在夏天诞下爱的结晶，为生命开启一段新的旅程。此时的大湖，不仅是人们心中的诗和远方，也是藏传佛教中轮回的起始点，它们如母亲，目送生命踏上在这个世界的旅程。

当然，它们也包容死亡。高原人民信仰自然轮回，天葬是藏族人民面对死亡的一种独特仪式，而主要的执行者，也是常年生活在此的食腐猛禽——高山兀鹫（国家二级保护动物）、秃鹫（国家二级保护动物）、胡兀鹫（国家一级保护动物）。它们身躯巨大，翼展极为宽大。每当晌午，上升气流富足时，可看见多只高山兀鹫成群盘旋的壮观景象。每当有野生动物死亡，它们便会盘旋在其上方，降落后围成一圈，恭敬有礼地按顺序将其分食干净，好像悼念的人群给逝者献上花圈，又好像将棺椁下葬的送葬人，抑或是葬礼上主持的牧师。有时饕餮的食客何尝不是最彬彬有礼的见证人呢？此时大湖也在旁边看着，作为参加葬礼的一员，目送其往生，补上轮回上的最后步骤。

这就是黄河源，这条大河在约古宗列发源后逐渐汇聚水流，向东蜿蜒而下成为滚滚黄河，其上的姊妹湖扎陵湖和鄂陵湖则静静滋养着此地的生命，供它们停留休憩、繁衍生息，也看着它们从此离去，见证着这片大地上的万千轮回。

第三章 黄河湿地，飞来美丽的黑颈鹤

从扎陵湖和鄂陵湖流出的清澈河流，有了一个正式的名字——黄河。它一路向东流过果洛藏族自治州玛多县城，与星星般散落草原的高原湖泊相遇，为远道而来的候鸟提供了宁静安全的栖息之地。接下来它继续向南，在

/ 黄河源湿地 / 旦增桑周 摄

黄河乡接纳了热曲与江曲两条支流，大大小小的辫状河道在草原上蜿蜒奔流，形成了广袤的黄河湿地。每年夏天，美丽的黑颈鹤就会从南方飞来，在这里繁育后代，与守护它们的黄河乡生态管护员再续前缘。

千湖之县，星星海

“天上的玛多”有一个“千湖之县”的别称，这里曾经有4000多个高原湖泊，除了扎陵湖、鄂陵湖、冬格措纳湖等大湖之外，还有不计其数的无名小湖，共同维系着这片大地的生命之源。20世纪90年代末，人类对环境无止索取，过度放牧、无序开采等行为导致草场沙化、湖泊锐减、鼠害肆虐，玛多县境内的湖泊一度锐减到1800多个，曾经的水草丰美、牛羊遍地消失不见，1999年，黄河源头甚至出现了鄂陵湖断流8公里的恶性事件。

从2005年起，青海启动三江源生态保护和建设一期工程，黄河源园区实施了退牧还草、以草定畜、沙化治理、移民搬迁、工程灭鼠等一系列环境治理措施，通过重构环境治理体系，统筹山水林田湖草系统，逐步重建湿地生态系统。

2016年，青海省正式启动三江源国家公园体制试点。黄河源园区不断推进生态保护，在全域实行严格的生态管护员巡护制度，3100多名生态管护员每天都在黄河两岸、湖泊湿地和雪山深谷间巡逻，捡拾户外垃圾，劝阻破坏生态的行为，观察野生动物行踪，记录野生动物活动轨迹，救助受伤或被困的动物，保护着黄河两岸的湖泊湿地。

/ 星星海和黄河乡 /

到2022年，黄河源园区植被覆盖度、湿地面积均逐年增加，据相关部门统计，玛多县的湖泊数量已经增加到了5849个，众多鸟类自由地生活在黄河两岸的湖泊湿地中，人与自然和谐共生的场景重现，“千湖之县”迎来了涅槃重生后的美丽。

从县城出发，沿214国道向南行驶，不知不觉中，车窗外出现了一片接一片的水面，这便是广义上的星星海。它其实由草原上星罗棋布的湖泊、海子

与水洼组成，清澈的黄河流经其间，吸纳湖泊水源并逐渐壮大。每当天气晴朗、阳光照耀时，无数水面光芒闪烁，恰似点点繁星散落草原，所以有了星星海这般浪漫而诗意的名字。

狭义的星星海，则是指其中较大的三个湖泊，每个面积有20～40平方公里，分别称为阿涌贡玛措（上星星海）、阿涌哇玛措（中星星海）和阿涌尕玛措（下星星海）。如今的星星海已被划入黄河源国家公园园区，生态环境

/ 玛多县黄河及湖泊湿地 / 视觉中国 提供

得到了有效保护，湖边草滩上，可以见到藏野驴、藏原羚和高原鼠兔等野生动物。每年5月至10月，这里更是众多候鸟繁衍生息的乐园，斑头雁、棕头鸥、玉带海鸥以及黑颈鹤等在这片水域自由地嬉戏与飞翔，它们的到来又为星星海增添了无限生机。

星星海离玛多县城只有约10公里车程，就在214国道边，湖水清澈如玉，湖边绿草如茵，是玛多人周末休闲最爱去的地方，自驾旅行者经过时也总会被这片湖水吸引驻足。

我们到达星星海的时候，已是傍晚时分。高原的日落很晚，灿烂的阳光洒在湖面上，波光粼粼。蓝天白云倒映下来，又被微风揉碎在波影里。宽广的湖水对面，青山连绵重叠，勾勒出起伏的天际线。

7月的高山草原，已经有鲜花盛开。湖岸边，不少当地人在这里休闲玩耍。有人在草地上铺开野餐垫，摆上各种食物，围坐在一起聊天。还有人在车边摆出户外桌椅，惬意地晒着太阳。一群棕头鸥在水面上随波荡漾，时不时哗啦啦飞上半空，盘旋几圈又落在水面上，尽显悠闲。

建在冻土层上的高原公路

从西宁自驾前往玛多，除了以前的214国道，现在又多了一条便捷的西丽高速。如果你两条公路都开过，可能会觉得高速公路限速80公里/小时不太人性化，而且部分路况跟国道一样，仍然是起伏不定的。造成这一现象的“罪魁祸首”就是冻土层。

青藏高原的冻土层对温度的变化十分敏感，冬天冻土呈结冰状态，会随着外界温度的降低发生剧烈膨胀。在冻土层上铺设公路，施工质量再好，也会很快产生路基深陷、路面起伏开裂等损害。不过，人们已经探索出解决这一问题的办法。注意看路边闪过的两排金属棒，它们就是保护高原公路的“功臣”。这些空心金属棒叫热棒，露出地面的长度约有2米，深入地下的却长达5米，里面装有液态氨。当路基温度上升时，液氨受热发生汽化，上升到热棒上端，将热量散发到空气中，气态氨冷却液化变成了液态氨，又沉到了棒底。一根热棒就是一台“微型制冷机”，能保持冻土层的冷冻状态，使路面变得稳定。

/ 俯瞰星星海 / 视觉中国 提供

沿着湖边走了一会儿，阳光打在身上，暖暖的，微风吹在身上，轻轻的。不经意间发现，旁边的草地上，竟然有几只高原鼠兔在洞口直起小小的身子，45度仰望天空，仿佛跟我一样在静静享受日光浴，陶醉的神情实在可爱。蹑手蹑脚地走过去，想更近地看看它们，可还没等我靠近，这些警惕的小家伙就迅速消失在草丛掩护的洞口里。

夕阳渐渐西沉，给湖面洒上点点金光，人们陆续离开湖边，启程回家。在星星海，随着湿地环境的改善，人与鸟类和谐相处的场景越来越常见。除了亲近人的棕头鸥和渔鸥，这里也有珍稀的黑颈鹤出没。前两天，玛多县气象局的工作人员就在星星海湖畔近距离拍到了黑颈鹤觅食的画面。当时，两只黑颈鹤在距离公路不远处的湖边草滩上悠闲踱步，对人类的接近也不再惧怕。

◇◆◆观鸟TIPS

- 带上合适的观鸟装备，望远镜必不可少，350mm以上的长焦镜头也能清晰观察鸟类的活动，三脚架则能帮助你固定望远镜和相机，更好地观察。
- 接近鸟类时不要穿在草原上颜色显眼（如红、黄、白色）的衣服，尽量穿与自然颜色接近（绿、灰、迷彩色）的衣服，避免惊动它们。
- 观鸟时尽量不要干扰鸟的生活和栖息，不破坏鸟类的生存环境，不进入鸟类的繁殖区域。发现鸟时，先静止不动，观察鸟的行为，如果发现鸟紧张不安，就停止前进，等鸟平静下来再慢慢靠近。
- 观鸟时不要大声说话，与同伴交流要尽量压低音量。动作要轻缓，不要做突然性动作。
- 提前了解天气情况，带足食物与饮料；不能随手攀折植物，不要乱扔垃圾，临走时将所有垃圾带走。

/上：在湖边休息的藏民/喻鹏 摄　　/下：飞掠水面的斑头雁/视觉中国 提供

黄河湿地，管护员与黑颈鹤的故事

黄河离开玛多县城，与西丽高速同行一段距离后，在热曲村改变了方向，沿着连绵的马尼峨勒山缓缓向南流淌，进入野马滩后，又接纳了热曲和江曲两条支流，才又向东流去。三河汇集处，就是黄河乡，《格萨尔》史诗中提到的赛马称王故事发生的地方。

格萨尔赛马称王的起点阿依地位于黄河乡江旁村一带，四座小山环绕着的野马滩是黄河水冲刷而成的一块冲积盆地，东侧就是奔涌而过的黄河。美丽的野马滩上散落着无数小水洼，水草丰美。

野马，其实是当地人对藏野驴的一种别称。藏野驴是国家一级保护动物，是青藏高原上唯一的野生奇蹄动物，因尾巴似马尾，所以又被称为“野马”。

很早以来，野马滩就是藏野驴理想的栖息地，而随着这些年来生态环境的好转，野马滩上的藏野驴种群数量历年都有增长。2021年以来，黄河乡生态管护站的工作人员在日常巡护中多次拍到藏野驴群出没，最多时曾经记录到接近500头藏野驴在这里集体觅食的壮观场景。在远处的雪山映衬下，它们奔跑的镜头多次出现在新闻节目中，成为黄河源生态环境改善的样本。

黄河离开野马滩后继续向东，沿途经过数十个湖泊和海子，形成面积辽

/ 成群结队的藏野驴 / 视觉中国 提供

阔的黄河湿地。众多的湖泊中，黄河南边面积较大的岗纳格玛错是黄河乡生态管护站监控的重点区域，这里生活着藏野驴、藏原羚以及众多珍稀鸟类。

黄河乡生态管护站的干事加羊多杰告诉我们，随着黄河源区生态环境保护力度加大，每年春夏都会有包括斑头雁、赤麻鸭、绿头鸭、灰鹤（国家二级保护动物）在内的多个种类、数千只野生鸟类来到黄河湿地，湖畔沼泽和湖心岛都是它们的栖身之地。这些鸟类中，最令管护员操心的是黑颈鹤，这其中还有一段曲折的故事。

黑颈鹤是一种优雅的高原湿地候鸟，身披雪白羽毛，只有尾羽和颈部是漆黑一片，黑白分明的高挑身形十分迷人。黑颈鹤是世界自然保护联盟濒危物种和国家一级重点保护动物，也是最擅长高空飞行的鸟类之一，每年它们都会完成两次壮观的长途飞行。春天，它们离开南方的雅鲁藏布江河谷及云贵高原等地区，飞越雪山，飞临青海高原三江源，在海拔4000米以上的湖泊湿地度夏。等到霜降起，寒冬到，它们又飞回相对温暖的南方越冬。

黑颈鹤仿佛是生态环境的“监控者”，它们选择在哪里栖息繁殖，就标志着那里的生态系统状态良好。而玛多县黄河乡境内的黄河湿地如今已经成为三江源地区黑颈鹤主要的栖息地之一，整个夏天，黑颈鹤都会在这里逐水草而居，恋爱产卵，哺育幼鸟。这个阶段，就是黄河乡生态管护员最紧张、最忙碌的时候了。

近几年来，据黄河乡生态管护站在日常巡护中的观察统计，每年春天，都有不少黑颈鹤夫妇来到这里，它们习惯于在凸出湖面、水草萋萋的小洲上筑巢安家、繁育后代。

黑颈鹤是鸟类中的“模范夫妻”，实行一夫一妻制。求偶时，雄鹤会张开宽大的翅膀，在雌鹤面前翩翩起舞，以示爱意，雌鹤则深情款款，鸣叫响应。雌鹤通常每次产下两枚卵，由夫妻共同孵化。幼鹤破壳而出后，在雌鹤的照料下学习生存技能。深秋时节，黑颈鹤就会带着刚刚长大的幼鹤，与鹤群一起离开。

关于黑颈鹤的忠贞不渝，有一则流传很广的凄美故事。在有一年的繁殖

/ 黑颈鹤幼鸟 / 视觉中国 提供

季结束后，黑颈鹤们纷纷启程飞往越冬地，有一对鹤却迟迟不肯动身。一位牧民发现这是因为其中一只鹤的翅膀受了伤，飞不走，而它的伴侣不忍独自离开。牧民将受伤的鹤带回家悉心照料，但它一直无法痊愈，再也飞不起来了。它的伴侣徘徊许久，声声哀鸣，无可奈何之下独自离开。然而，几个月后，那只离开的鹤竟又飞了回来，两只黑颈鹤为团圆而昂首高歌，交颈缠绵起舞，最终竟这样缠绕着，倒地而亡。这个故事是真是假姑且不论，但黑颈鹤在当地人民心中作为爱情象征的地位，可见一斑。

2018年初夏，黄河乡生态管护员在巡查时发现，黑颈鹤在春天筑好的巢很容易被5月开始消融的河水淹没或者冲毁，而这种情况下，它们这一年就不会再生育后代。

长此以往，会不会导致黑颈鹤种群数量下降？该怎么帮助这些失去鸟巢的黑颈鹤重新安家呢？

加羊多杰和大家经过观察与讨论，决定在来年春天到来前，提前为黑颈鹤筑造安全的人工巢穴。他们踩着尚未解封的冰面来到水中小洲，用钢条和铁丝做了一个坚固的底座，再铺上早就准备好的干草和小树枝。为了不让它们抗拒人工搭建的“新房”，大家还将之前从旧鸟巢中收集来的泥巴和干草放到里面。

2019年5月，黑颈鹤又从南方飞到黄河湿地来了。它们回到了之前筑巢的小洲，似乎没有发现新房子的不同，也可能是熟悉的味道带来了安全感，它们开始在人工巢穴里安家产卵，并成功地孵化出幼鸟。到了冬天，黑颈鹤宝宝长大了，又跟随父母一起离开了黄河乡。

人工鸟巢的实践获得成功，黄河乡生态管护员又有了一项新工作，那就是给黑颈鹤修筑更多的高架鸟巢。在接下来的几年里，大家陆续在热曲村、塘格玛村、阿映村等地的湖泊湿地中架起了19个高架黑颈鹤巢穴。夏天来这里繁殖后代的黑颈鹤逐年增加，它们纷纷入住新建的人工鸟巢，鸟巢被河水冲毁的现象基本消失。

2021年秋天，黄河乡生态管护员在日常巡护中用相机近距离拍摄到一段黑颈鹤孵化幼鸟的影像。镜头里，两只黑颈鹤宝宝身披浅棕色绒毛，时而依偎在母亲身旁，时而在母亲的呵护下尝试站立起来，娇小的身影非常可爱。经证实，这是人们在黄河湿地首次近距离拍摄到黑颈鹤孵化幼鸟的场景，对于观察黑颈鹤的野外生存状态实属难得。此前，这种影像都只能利用架设在野外的红外相机在无人状态下拍摄。

据黄河乡生态管护站统计，2019年夏天，大概有50对黑颈鹤来此繁殖，到2022年夏天，已经有80对左右的黑颈鹤来到这里，种群数量有了明显增加。

2022年7月，首届黄河源生态教育论坛在玛多举行，黄河乡生态管护站与黑颈鹤之间的这段故事作为人与自然和谐相处的案例参加了论坛，对此加羊多杰非常开心。再过两个月，黑颈鹤又要往南飞了，“不过不用担心，明年它们一定还会回来的，因为这里有我们共同的家。”

◇◆◆“鸟中大熊猫”黑颈鹤

中国分布着9种鹤，其中黑颈鹤是唯一终生生活在高原地区的鹤种，它们在青藏高原的湖泊湿地繁殖，海拔较低、气候温和的云贵高原则是它们的主要越冬地。因为全身羽毛以黑白为主，再加上数量稀少，黑颈鹤也被称为“鸟中大熊猫”。

近年来，由于国家对生态环境的重视，黑颈鹤赖以生存的湿地面积不断增加，从云南大包山、甘肃尕海、四川若尔盖湿地到青海三江源、青海湖，黑颈鹤种群的栖息地范围逐年扩大，迁徙路线也更加丰富，仅在青海地区，观测到的黑颈鹤分布位点已超过100个。

基于种群数量不断增加，世界自然保护联盟已在2020年将黑颈鹤在《濒危物种红色名录》中的保护级别由原来的“易危”调整为“近危”，并将其从受威胁物种名录中移除。据最新观测数据显示，截至2022年9月，我国黑颈鹤种群数量已从10年前的1万只左右增加到现在的约1.7万只。

人与自然的和谐家园

2021年5月22日凌晨2时4分，果洛藏族自治州玛多县发生7.4级地震。这次地震是2008年汶川大地震之后中国发生的震级最高的一次地震，而震中距黄河乡不到20公里。

突如其来的地震，打破了黄河乡的宁静，生态管护站的800多名管护员也在第一时间投入抢险救灾的行动中，有人帮助政府人员入户统计受灾情况，有人协同救灾人员在户外搭建临时帐篷。而此时，他们同样牵挂和担心着辖区内野生动物的安危。大家顾不上休息，又随即开展了一系列野生动物的救助行动。

塘格玛村的生态管护员在巡护过程中发现一只在地震中受到惊吓的赤麻鸭妈妈带着10来只刚出生的小鸭慌不择路地从湖边逃到了山坡上，极易被赤狐（国家二级保护动物）和狼等动物捕食，便立即与同事一起，小心翼翼地将赤麻鸭一家赶回湖中，免得它们受到伤害。

5月24日，生态管护员周太在巡护中发现一对黑颈鹤焦躁不安地徘徊在鸟巢边，他立即下到冰冷刺骨的湖水中，几经寻找发现了因为地震滚落水中的鸟蛋，轻轻捡起放回巢中，又躲在旁边悄悄观察，直到黑颈鹤回到巢中，继

/ 觅食的棕头鸥 / 视觉中国 提供

续孵蛋，他才放心离去。

震后几天，黄河乡生态管护员们一直在野外加强巡护，陆续救助了80多只斑头雁，将几十个掉落地面的大鵟鸟窝送回高架，又帮鸟妈妈们找回了70多枚鸟蛋。

在黄河乡，在黄河湿地，生态管护员的工作日常并不只是简单的巡视与观察，他们熟悉这里的一山一水，也知道如何应付恶劣的自然环境，爱护生态环境、保护野生动物，已经成了刻进他们骨子里的自觉行动。

生态管护员扎西来自江旁村，2021年冬天，他与同事顶风冒雪出门巡查，在湖边发现一头陷进湖中的藏野驴。当时湖面已经结冰，他们硬是敲碎冰块，踩进冰水中，奋战了好几个小时才将藏野驴拖回湖边，大家身上的衣服都挂满了冰碴，浑身冷得发抖。

也是在冬天，加羊多杰和同事在返回县城途中，发现一匹狼掉进了冰湖。大家二话没说，找出工具来到湖边。加羊多杰将绳子套在身上，匍匐在冰面上慢慢向狼所在的位置爬去，谁料薄薄的冰面突然开裂，多杰一下子掉进了零下十多度的冰水中。他没有退缩，顶着刺骨的寒冷游向野狼，将绳子的一头套在狼身上，使劲儿地拽着狼往回游，在冰水中泡了40多分钟，才终于将狼拽上湖岸。这时候，他身上的棉衣和裤子全都结冰了。

这些年来，黄河乡生态管护员救助过与母鹿走失、陷在湿地中的小白唇鹿（国家一级保护动物），在风雨过后，还会抓紧时间巡查草原和湖边湿地上安装的招鹰架，将掉在地上的鸟蛋和雏鸟送回巢中，加固受损的鸟窝。

正是得益于3000多位工作在一线的生态管护员的努力，黄河湿地以及整个黄河源园区的生态得到充分恢复。透过他们的镜头，人们得以看到藏野驴、藏原羚、狼和黑颈鹤等野生动物在黄河湿地自由生长的景象，这标志着黄河源头已成为珍稀鸟类和其他野生动物繁衍生息的乐园，它同时也是人类与自然和谐相处的家园。

/ 一群白唇鹿 / 视觉中国 提供

/ 庄严的金雕 / 视觉中国 提供

我不能一一讲述这些精灵的故事，因为它们古老的生存弥漫于时空，对我来说，那永远是一团不可知的秘密。那么，就让我透过自己短暂的经历窥视这个王国吧。

◆ 金雕——空中的巫师

我坐在山坡上，目睹这样一幕充满神秘气息的场景，仿佛在旁观自然界举行的一个献祭仪式。

金雕像一片云一样飘然而降，稳稳地落在半山腰那块突起的灰褐色岩石上。然后它敛起宽大的翅膀，站在岩石上一动不动，犹如一位巫师。在这一刻，山间和旷野的风突然止息了，所有流动的风都被它收进了那些闪闪发光的羽翎之下。它微微眯上眼睛，让这世界陷入一片朦胧之中，仿佛大半个太阳都被掩盖起来。我开始等待将要发生的一切。

风和时间也就这样停在岩石上一动不动。在这个静止的状态中，岩羊和野兔都感到某种难以忍受的压迫所造成的窒息，甚至渴望死神的利剑对着它们的肉体直劈下来，而不是用这种隐藏在天使面孔后面的寂静威逼它们的灵魂。野兔立起前脚，带着一种祈求般的颤抖仰视山崖，声音被封锁在喉管里，它竖起长长的耳朵，保持着一种十分困难而别扭的姿势，像一尊脆弱的雕塑。我的呼吸也似乎随之凝结了。

突然，金雕闪电般地张开眼睛，整个山野被重新照亮。几乎与此同时，它用有力的双腿把自己弹射出去，迅速向下跌落。但是很快，金雕展开宽阔的双翼，把所有的风都从翅膀中释放出来。灌木的枝叶强烈摇摆，连紧紧贴伏在地面上的野草也瑟瑟抖动。风把停滞的时间再次推动起来。

野兔发出一声短促的、惊恐得近于兴奋的声音，游戏开始了。野兔知道它已被解除魔法的窒息，并允许为争取辉煌的死亡而奔逃。它开始在草丛、石块和那些不足以藏身的小小阴影间快速蹿越。我深深感觉到，蜥蜴、鼠兔、山雀甚至蝴蝶和草丛中渺小得可怜的爬虫都被卷入了这种莫名的紧张气氛之中，包括我自己。这时候，在金雕的俯临之下，生命的意义无可置疑地显得明朗、确定而又光彩斑斓，它因死神的巡视而突然升华。

就在野兔回头张望的那一瞬间，它看到金雕无声地改变了一下飞行的姿态，然后把一双死神之爪紧紧收贴在腹下，裹挟着那股足以摇撼山崖的风俯冲下来。金雕金属似的利喙在阳光下划出一道流星般的寒光，迅猛地刺向大地。当阴森而巨大的影子突然笼罩了野兔的世界，它也同时被那股强劲的风所击倒。野兔甚至放弃了它最后象征性挣扎的权利，任那对钢铁似的弯钩深深地刺穿它的皮肤。

所有生物都在惊悸和绝望的亢奋中发出赞美的鸣叫。

金雕在抬头仰望山崖时，我从它的目光中看到了一个非理性的、由不可破解的矛盾之谜所构成的神圣之物。它是生命的极致光芒，又确实是死亡的象征；它充满无限的热情，又的确是冷酷的化身。这空中的巫师！

金雕奋力拍打两片乌云，呼唤它那魔法无边的风腾空而去。于是野兔一生中最后一次，也是唯一一次，飞翔在自由广阔的蓝天上。

◆牦牛——创世者

一位中年牧人正牵着一头黑色的牦牛，他身边跟着妻子和一大一小两个充满活力的孩子。而他的老母亲，那个满脸沧桑的老妇人，此时坐在不远处的草地上，她平静地望着这一切，手中悠悠旋转着经筒，表情祥和而平静。

作为主要的生活资料之一，牦牛对藏族人来说，是一种特殊的情感寄托。一则古老的藏族神话讲道：在很久以前，混沌中生存着一头神牦牛，后来牦牛死了，它的肌肉化作土地，骨头化作山脉，皮毛化作草木，血液化作

/ 牦牛一家 / 视觉中国 提供

江河，眼睛化作日月，身上的寄生虫化作人和其他动物——于是世界便诞生了。这是一个与盘古创世极为相似的神话，但这个用自己的躯体创世的神，至今仍与人们的生活息息相关，与他们生死与共。这个神话让我们明白，在牧民看来，世上万物都源于同一个生命本体，它们是平等的，如果谁成为谁的食物，那也是造物主的安排。所以牧人在宰杀牛羊时，都要为它们祈祷与诵经超度，感激它们的牺牲。

无论在藏族人的生活中还是精神中，牦牛都拥有重要而崇高的地位。作为藏族人的主要畜种之一，牦牛所提供的肉与皮毛是藏族人重要的生产、生活资料，藏族人的生活与牦牛息息相关。牦牛体格庞大，力大无比，被称为“高原之舟”或“雪山之舟”，是藏族牧民的全部生活依赖。而野牦牛更是藏族人崇敬的神圣之物，庞大而坚硬的角似乎充满神力，它的体格和力气要比家养牦牛大得多，可以轻而易举地将一辆越野汽车顶翻。野牦牛性情凶猛暴躁，在草原上，除了人类之外，它几乎没有敌手。

藏族人心目中的牦牛是神的化身。由于野牦牛直接威胁着藏族先民的生存，他们曾同牦牛进行长期艰苦的斗争；但另一方面，野牦牛惊人的生存能力和强盛的生殖能力又使人们对它无比敬仰。由于高原的大山终年积雪不化，加上藏族人对白色的崇尚，就有了许多关于山神化作白牦牛的故事。佛教传入之后，诸山神和其他神化作的牦牛对莲花生进行了顽强的抵抗。据载，莲花生入藏传教时，一位名叫莫则日姆的女神曾化身为一头犹如一座山一样大的白牦牛，喷出强大的风雪企图阻止莲花生；雅拉香波山神也“化作白牦牛如山巨，发狂弄塌诸山岩”，但这些白牦牛（神）后来都被逐一收服，成了藏传佛教的护法神。

牦牛献身而化生世界万物的故事，使牦牛崇拜更加根深蒂固，更具有普遍意义。牦牛舞是牦牛崇拜的一种典型表现形式，至今在藏传佛教的佛事活动和民间节庆活动中都有出现，是必不可少的。牦牛舞的起源，据说同五世达赖喇嘛的一个关于牦牛帮助他的梦有关。牦牛舞激烈奔放，意在表现神牛威武、勇猛的性格和驱邪镇魔的神力，观看牦牛舞甚至会使人产生一种惊恐不安的感觉。在青藏高原，许多神圣的地方都有牛头和牛头装饰画，牦牛成了雪域高原的象征，成了藏族的象征。如果排除佛教因素，藏族文化可以说是一部关于牦牛的文化。

多年出入高原，我曾许多次与野牦牛遥遥相望。之所以“遥遥相望”，是因为根本不敢挑衅它们的权威，不敢越雷池而近前。野牦牛体形庞大，形象威武，犄角高耸，目光阴郁逼人。当远远看到一群野牦牛，尽管它们完全不把我放在眼里，我却本能地心生敬畏，仿佛鲁莽地闯入了一片异世神灵的领地，心中充满惊喜，更充满恐惧。即使面对一头野牦牛，也不能侥幸窃喜、贸然行动，因为落单的野牦牛更敏感，更具有攻击性，所以也更加惹不起。这是向导和经验丰富的人一再告诫的危险境遇。在草原雪山下看到野牦牛，我们总是异常兴奋，迫不及待地停车拍照，但也总是被警告不要远离汽车，如果看到野牦牛向我们走近并且明显加快步伐时，我们要做的就是迅速上车逃跑。

在尚未禁猎的年代，有一次深入草原时，我们在一个小湖边发现了两具野牦牛头颅。头骨已经风化得洁白，皮肉丝毫无存，两只碗口粗的犄角挺拔耸起，角尖弯曲相对，粗糙如同干枯的千年胡杨枝干。我试图将大的一具装上汽车，可是越野车的后备厢根本无法容纳。无奈，最后只好选择了小的一具。多年来，我把它安放在书架上方，挂一条黄色哈达，成为我对野性生命的一种敬畏方式。

◆高原鼠兔的秋天

居住在草地上，高原鼠兔有很多自由的选择。从春天到夏天，一直会有新鲜的草根和草芽，即使初秋也不会出现饥荒。而到了中秋之后，另一种更好的选择就摆在面前了：籽粒饱满、散发着芳香的成熟青稞。所以每到这时，鼠兔的关注力和兴奋点都集中在这里。

这是草原的秋天，原野里充满了无限的生机和无尽的欢乐。等待这个季节、欢呼歌唱这个季节的不光是为此耕作的人类，而是几乎所有的生灵。鸟雀们在空中欢唱，低低地巡行在田野上空，这是它们最快乐的时光，和风滑过它们的翅膀，阳光抚弄着它们的羽毛，蓝天给它们展开自由的空间，生活比以往任何时候都更加可歌可舞，因为田野中散发的芳香使它们唱出了最美的赞歌。另外一群鸟雀表现得更为务实，它们站在田间的铁丝网上，排成长长的一行，正在心满意足地守望着自己的餐桌，那副专心致志

/ 嚼着草茎的高原鼠兔 / 视觉中国 提供

的样子让人看了发笑。这一定是那类不富有想象力却诚实勤劳的鸟雀，它们感谢秋天的来临，但一想到那些将要来收割的人，它们又会忧心忡忡。

感受到这天赐之福的毫无疑问还有高原鼠兔。标志就是，在刚刚收割或等待收割的田野和草地上，到处可以看到一堆堆湿土。这个时候鼠兔是最勤奋的，它们忙着修筑地下宫殿，加强御寒措施，特别是扩大仓储面积。为了安全度过那漫长得令人心烦意乱的高原严冬，它们必须尽可能多地囤积粮食。

高原鼠兔与一般的田鼠、仓鼠不同，它们体形较大，外观好似小兔子，从生物学分类上其实属于兔形目。在青藏高原的草原牧场，它们以集群的方式盘踞一方，主要以草根、茎叶为食，当然还有可遇而不可求的植物果实。和家鼠一样，高原鼠兔在高寒草原虽然处于食物链的低端，却以超级旺盛的繁殖能力取胜。对高原来说，在自然选择的状态下，鼠兔和其他物种都是草原生态平衡的一部分，它们并不多余，也不是负面的存在，因为对于整体环境的有机循环，鼠兔有着自己的作用和贡献。然而，在20世纪八九十年代，外来盗猎猖獗导致鹰隼和狐狼这些鼠兔天敌急剧减少，以至鼠兔数量过多，对有些地区的草原造成了一定程度的破坏。

在距我不足五步的草地上，一只高原鼠兔小心翼翼探出头来。我注意到，尽管一堆堆拱起的泥土让人以为那是它的城门，其实它出入的秘密通道却在并不显眼的草丛掩护之中。这只鼠兔并没有贸然走出洞来，它先是探出脑袋扫视环境，发现我之后，立刻停下来观察。我眯着眼睛看着它，我们的目光在谨慎中相遇，我尽量表现出轻描淡写、并不想触犯它的神情，但是它并不信以为真，用数分钟时间判断我究竟是欲擒故纵还是对它原本就漠不关心。

然后，它试探性地把大半个身子探出洞外，却做出一个随时准备退缩的动作。它用质询的目光一遍遍地打量着我。我感到这目光有些无奈，又有些生气。它似乎想弄明白，这个人为什么坐在它家旁边，对它是否构成威胁；在如此美好而宝贵的季节，这个人为什么不去修建住房，也不去搬运粮食，却闲坐在这里妨碍它的生活。对此它迷惑不解又满腹怨怼。这是一只很大的高原鼠兔，身体肥圆，两只小小的眼睛闪着机警的光。看得出，它对我做出的和平姿态并不信任，尽管在这草原上，鼠兔及其他生物极少受到人类的有意攻击，但祖训与古老的记忆告诉它，它们永远不可能与人类化干戈为玉帛，永远不可能化敌为友。我想它是对的。就在我此刻并无恶意地与它对视或者默默交流之时，我以人类的习惯性思维方式，不由自主地想到，这些繁衍昌盛的小动物，在地下挖掘四通八达的隧道，不停地挖掘、放弃、再挖掘，听说它们深深的洞穴还屡屡造成“马失前蹄”，让马匹和骑手受伤。我们就这样无声地僵持着对视，依然无法获得沟通理解。终于，在高原阳光的炙烤下，我浑身发痒，忍不住活动了一下身子，这只鼠兔便飞快地缩回洞里去了。它高度警惕着，始终没有对我心存侥幸。

实际上我知道，的确是我妨碍了它。这种天性胆小机警的生物，看起来总是脚步匆匆，窜来窜去，让人觉得它们永远都有十分紧急的事情要做，其实它们的活动范围非常有限。我无意中对它的打扰，也许会让它好一阵子不敢出来。

鼠兔、鸟雀或其他生物，都是这个地球的合法居民，它们因造物者的意愿而存在，因自然秩序的设定而生息，它们共同构成了这个世界美妙的生命故事。望着田野，望着眼前的一切，我从心底祈求，为了这只被我惊吓的高原鼠兔，为了人类和大地上的一切生命，愿今年是一个丰收的好年景吧。

（本文作者为青海省文艺评论家协会副主席）

/ 正在发出警报的高原鼠兔 / 视觉中国 提供

第四章 冬格措纳，野生动物的天堂

在“千湖之乡”玛多，冬格措纳湖仿佛是个另类的存在。论名气和大小，它不如扎陵湖与鄂陵湖；论出身，它不属于黄河源头水系，而是柴达木内流水系香日德河的源头；论文化，它是安多藏文化中地位最高的圣湖，是东边的阿尼玛卿雪山冰川为它提供着源源不断的丰沛水量，“一千座山峰”

/ 冬格措纳湖 / 视觉中国 提供

的环绕阻隔更造就了这里遗世独立的圣湖美景。棕头鸥在湛蓝湖面戏水，藏野驴在红草滩上踱步，灵动的岩羊奔跑在怪石嶙峋的岩壁上，而在更高的雪峰间，“雪山之王”雪豹（国家一级保护动物）或许正带着幼崽巡视领地，在它们脚下，就是烟波浩渺的冬格措纳湖，高原野生动物的天堂。

湖泊湿地，鸟儿栖息的乐园

到访冬格措纳湖是在7月一个天气晴好的日子，陪同我们前往的“向导”是三江源国家公园黄河源园区资源环境执法局的才让局长。他是土生土长的花石峡人，对冬格措纳湖非常熟悉。

从花石峡镇出发，沿德马高速一路往西北方向走，很快就来到冬格措纳湖边的吉日迈村。从这里向西拐进去，走上一条略显坑洼的乡村公路，我们便离冬格措纳湖越来越近了，车窗外已经隐隐出现了一线湖水。

经过黄河源冬格措纳湖景区门口时，我们做了短暂停留。视线所及处的湖中有一座“鸟岛”，岛上栖息着棕头鸥、斑头雁、玉带海鸥、赤麻鸭和黑颈鹤等大量候鸟，它们每年都会在3月间飞来，在此地繁衍生息，直到10月才会离去。数量最多的是棕头鸥，它们喜欢成群结队地在水面上觅食，稍有动静就呼啦啦飞向天空，盘旋半晌才又落回水面上。

继续沿着公路向北，汽车翻过一个小沙丘，出现在眼前的竟然是一处意想不到的豪华房车露营地，五辆房车静静泊在湖边木头平台上，每辆车都有餐厅、客厅和卧室，甚至还配备了弥漫式制氧机。

N
0
9.5
19千米
1 : 950 000
G0615
托
索
河
珠姆桑炽
怪石谷
吉日迈
莫格德哇遗址
冬
格
措
纳
湖
G347
冬
青
海
省
花石峡
曲
S312
S205
G214
G0613
玛多
（玛查理）
黄
河

/ 冬格措纳湖和怪石谷 /

湖边是大片碧绿草滩，有栈道蜿蜒深入其中，沿着栈道可以一直走到浅水处，偶尔有水鸟被脚步声惊起，迅速地飞走。这片草滩最美的时节其实是秋天，以帕米尔蒿草和碱蓬草为主要植被的湿地草甸从9月开始就陆续染上深深浅浅的红色，一直铺陈到湛蓝的湖水之中，数量众多的斑头雁与棕头鸥时而盘旋在半空，时而降落在水面。借助无人机的“上帝视角”，就能从高空

/ 秋季的冬格措纳湖 / 视觉中国 提供

俯瞰到此时的冬格措纳湖，红色草滩、黄色沙丘与蓝色湖面交融成天地间最炫目的秋色。

就在我们到访几天前，玛多县在这里举办了首届黄河源生态教育论坛，主题是“在国家公园遇见最美的自然，发现最好的自己”。

/ 母马和小马驹 / 喻鹏 摄

选择在冬格措纳湖举行此次生态教育论坛，首要原因就是这里是黄河源头生物多样性最集中的区域，而且近年来的生态保护工作已经取得了重要成果。

冬格措纳湖早在2014年就被列入国家湿地公园试点，2019年12月正式成为国家湿地公园。群山环绕的地理环境，让冬格措纳湖拥有相对温暖湿润的小气候，水草丰美的湖泊湿地为野生鸟类提供了良好的生活环境，而四周的陡峭山峰又是玛多地区少有的高山裸岩生态系统。

从2017年开始，世界自然基金会、青海原上草自然保护中心等公益机构与黄河源园区管委会合作，对冬格措纳湖区域的3338平方公里展开了红外相机布点监测调查工作，几年来共监测拍摄到了20多种野生兽类和20多种鸟类。随着生态环境的不断好转，岩羊、西藏盘羊（国家一级保护动物）、白唇鹿等野生食草动物种群明显增多，栖息活动范围逐渐扩张，狼、猞猁（国家二级保护动物）、棕熊和雪豹等大型食肉动物的数量也随之增加，黄河源园区的生物多样性得到了有效的保护和恢复。

秘境之眼，不被打扰的相逢

在冬格措纳湖地区安放的红外相机是中央电视台所设“秘境之眼”之一，它是红外线触发自动数码相机陷阱技术的简称，基本原理是利用动物本身散发的热量启动红外热成像原理自动拍摄系统，能够全天候24小时不间断工作，已经被大量运用到野外生态监测中。

红外相机安放点的选择标准，一是放置在野外动物比较固定的行走路线上，二是放置在动物主要的饮水地周边。通过“秘境之眼”，人们得以与无数的野生动物来一次“不被打扰的相逢”。更重要的是，这些红外相机收集到的影像资料，记录了具体的野生动物种类、数量、种群分布数据，能为生物多样性的监测和保护提供有效的数据支持。近年来，雪豹、棕熊、猞猁、岩羊、白唇鹿等野生动物都曾在冬格措纳湖的红外相机镜头里留下它们自由自在的身影。

怪石谷和珠姆桑炽的传说

冬格措纳湖位于花石峡镇西北约16公里处，蒙古语称“托素湖”，在藏语中意为“一千座山围成的湖”。当汽车离开湖边，我们立刻就感受到了这一点。这里不像扎陵湖那样有一条贴近湖边的环湖公路，四周怪石嶙峋的山峰阻挡了环湖公路的修建，我们的汽车不得不驶入连绵的苍茫大山中，迂回在山间公路上。

青藏高原独特的地理地貌，源于地球亿万年前的一次“行为艺术”，印度板块和欧亚板块发生连续碰撞，强烈的地壳运动将几百公里、几千公里以外的岩石都挤压到一起，从而形成了连绵起伏的岩石山。这时候轮到风雨上场了，在它们的不断侵蚀下，不同质地、不同构造的岩石被塑造为千姿百态的模样，最终造就了冬格措纳湖周边的一道道怪石谷。

前往怪石谷的土路极其颠簸，老练的越野车司机也频频叫苦。最后一段路我们只能将车停在山谷外，徒步进入。

/ 形若大象的怪石 / 喻鹏 摄

怪石谷不是我们想象的那般荒凉，相反，这是一个色彩斑斓、充满生机的世界。

谷中没有平整的道路，地上全是雨水冲刷出的纵横沟壑，堆积着风化滚落的大小石头。两侧是奇形怪状的石山，在阳光下呈现出一种浅浅的红色。它们有些像是毫无规则的抽象线条，有些则仿佛能看出具象的动物或人体，你可以脑洞大开，为它们安上各种名字。例如这座小石山看上去像是雕刻得比较粗糙的法老像，那片怪石被风侵蚀出一个大洞，远远望去倒像是一头大象垂下长鼻。山石间竟还有五彩经幡飘扬，为寂静的怪石谷带来一丝灵动。

风化形成的贫瘠砂土中，生长着众多野草和灌木，其间有各种野花盛开，黄色、紫色与粉色的小花星星点点，不少石头上还附生着红色的藓类生物。我凑近去仔细观察，能认出的只有紫色小喇叭似的龙胆花。这是地球上最古老的植物之一，在海拔4000米以上的高原地区也能生长开花。我又用手机上的识花App拍了几种野花，勉强能确定的有粉色的马先蒿和蓝紫色的秦艽，还有一种穗状的黄绿色野花，查到它叫铁棒锤，一个奇怪却形象的名字。

怪石谷这种独特而复杂的地理地貌，也为野生动物群落提供了天然的栖息地，侵蚀风化严重的山石间，正是小型野生动物的天然乐园。而风化形成的洞穴为金雕、大鵟等猛禽提供了天然巢穴，陡峭的山壁则是岩羊最爱的栖息地，它们尤其喜欢在岩石间上蹿下跳。

时近中午，探索了两道怪石谷之后，我们在山谷深处停下来，进行简单的路餐，彼此交换了食物，局长和司机带的是当地特色的油饼，我们贡献了薯片、辣味肠和可乐。

/ 上：附着红色苔藓的石头 / 喻鹏 摄 / 下：探头的岩羊 / 视觉中国 提供

大家边吃边聊，说到怪石谷的成因。为了证明这片山地是由亿万年前的海底地壳抬升而成的，局长还跑到山石间寻找了一会儿，把他发现的一个嵌在岩石间的小海贝化石指给我看。在他的提醒下，我也在岩石间找到了几颗晶莹的彩石。海底抬升时，地下岩浆喷涌而出，冷却后其中含有的二氧化硅会结晶而成玛瑙，这些嵌于岩石间的彩石很有可能就是玛瑙。

局长告诉我，以前，花石峡镇的人就曾经跑到湖边的怪石谷来捡石头，“运气好的能捡到真正的玛瑙哦。”我们的兴致立刻被提了起来，接下来的饭后消食运动就是埋头在沟底寻找玛瑙。

很快我就捡了一小捧色彩相对艳丽、带有一点透明度的石头，当然捡到玛瑙的中奖率不会这么高。经过比较，最终我留下了几粒最好看的，管它是玛瑙还是普通的彩石，就当是冬格措纳湖给我的礼物吧。

从怪石谷出来，我们又来到了珠姆桑炽，传说中格萨尔王妃森姜珠姆的煨桑台。

珠姆桑炽也是一处丹霞地貌。但与怪石谷千姿百态的造型不同，它仿佛出自另一位风格更为粗犷的艺术家之手，简练几刀就雕砌出一座顶部平整的天然石平台，孤立于天地之间。在《格萨尔》史诗中，它是珠姆王妃的煨桑台，当年王妃就曾在这座天然石台上燃起桑烟，祈祷世间不再争战，岭国百姓安享太平。

当然，传说毕竟只是传说，站在这座天然石台之前，我们只能感到自己的渺小。抬头仰望，一只金雕展翅从石台上一冲而下，在半空中盘旋良久，终于消失在我们的视线之外。

/ 珠姆桑炽 / 喻鹏 摄

大自然这位艺术家鬼斧神工的雕刻作品还不止这一处，沿着湖边公路继续向北，右侧车窗外又出现了一座巨大的猴山。它的形态实在是惟妙惟肖，一眼就能看出这只猴子坐在山顶，右手撑在脸颊上，酷似法国艺术家罗丹那尊著名的青铜雕塑《沉思者》。

/ 猴山 / 喻鹏 摄

雪豹与岩羊，食物链上的“相爱相杀”

我是雪山真正的儿子
守望孤独，穿越了所有的时空
潜伏在岩石坚硬的波浪之间
我守卫在这里——
在这个至高无上的疆域
毫无疑问，高贵的血统
已经被祖先的谱系证明
我的诞生——
是白雪千年孕育的奇迹
我的死亡——
是白雪轮回永恒的寂静

曾经在青藏高原上生活工作多年的彝族诗人吉狄马加，写过一首长诗《我，雪豹》，在他的笔下，雪豹有着与生俱来的高贵血统，是生活在白雪与岩石间的精灵。而对大多数人来说，他们只有在一些高海拔大型野生动物

/ 雪豹 / 旦增桑周 摄

园才能一睹雪豹的风采。我就是在西宁野生动物园中第一次近距离见到了这种神秘优雅的高原生物。

雪豹被誉为“雪山之王”，它们通常出没于海拔4000米以上的高山裸岩地带，行动敏捷，善于攀岩，昼伏夜出，独来独往。每年2月至5月是雪豹的繁殖期，5月至8月是雪豹幼崽出生的季节，8月至10月，成年雪豹会带着幼崽在野外活动，学习生存及捕食技能，这是观察雪豹的最佳时段。

雪豹可能是猫科动物中的颜值担当，它们身披浓密又蓬松的灰白色毛发，上面有黑色的圆点斑纹，有利于它们在岩石间隐秘行走。雪豹的尾巴粗壮而灵活，可以达到身体的长度，在奔跑时能帮助身体保持平衡，在休息时又能维持口鼻处的温度。

公益助力三江源

- **绿色江河**

  www.green-river.org

  成立于1995年，是四川省绿色江河环境保护促进会的简称，是中国最早的民间环保社团之一，长年坚持在长江源地区开展生态监测和保护工作，并在可可西里无人区建立了索南达杰自然保护站。

- **三江源生态保护基金会**

  www.sepf.org.cn

  成立于2012年10月，目的是加快推进三江源生态保护修复，为建立生态保护长效机制提供支持。已开展三江源头生态村建设、民生改善、垃圾环保处理等公益项目。

- **山水自然保护中心**

  www.shanshui.org

  2007年在北京成立，专注于物种和栖息地的保护，从2009年起就在三江源地区开展保护工作，现已覆盖高寒草甸生态系统、高寒草原生态系统、湿地生态系统和森林灌丛生态系统。

- **青海原上草自然保护中心**

  微信公众号：原上草自然保护中心

  成立于2016年8月的一家青海民间环保组织，目前已经与三江源国家公园合作开展了雪豹野外监测和黄河源草场修复区域的生物多样性监测等活动。

- **阿拉善SEE生态协会**

  conservation.see.org.cn

  由近百名企业家于2004年6月5日发起成立的社会团体，2018年8月成立三江源项目中心，开展以社区为主体的保护实践活动，守护珍稀动植物物种，保护草地、湿地等生态系统，守护中华水塔。

作为食物链上的顶级捕食者，雪豹在高山裸岩生态系统中发挥着维护生态平衡和健康的重要作用。但在20世纪90年代以前，由于生存环境的恶化和人类的滥杀滥捕，青藏高原上的雪豹数量急剧下降，黄河源区域内曾经一度不见雪豹踪迹，《中国濒危动物红皮书》将其列为濒危物种。

好在人类已经意识到，保护雪豹这一高山生态系统的旗舰物种，就是保护这一地区的生物多样性，同样也是在保护包括中国在内的亚洲数十亿人口的生态安全。近些年来，青藏高原和三江源地区持续开展生态环境保护行动，各种民间公益机构也纷纷加入，当地民众的生态保护意识也得到加强，这一地区野生动物种群数量逐年增加。

玛多地区的冬格措纳湖和阿尼玛卿山，是雪豹在三江源地区的重要栖息地。从2017年开始，青海原上草自然保护中心与果洛藏族自治州相关机构合作进行雪豹野外生存调查，他们在2000多平方公里的区域内架设了50多台红外相机，先后记录到500多次雪豹活动的影像，说明这里存在一个健康的雪豹种群。令人欣喜的是，截至2022年9月，原上草在冬格措纳湖区域监测到的雪豹数量有所增加，目前这里至少生活着30只雪豹，3年间有5～7只雪豹在这里出生。这一切都表明，冬格措纳湖雪豹栖息地已经得到有效的保护，它们的生存环境也得到了持续改善。经不完全统计，从2017年到现在，在3万多平方公里的黄河源区域，共监测到130～150只雪豹。依据相关模型估算，三江源地区现存雪豹数量或已超过1000只。

这次来到冬格措纳湖，能够近距离看到雪豹肯定是愿望之一，当然我也知道，这个愿望很大程度上是种奢想。

善解人意的才让局长说，我带你们去看岩羊吧，有岩羊的地方，离雪豹

/ 陡峭崖壁上的岩羊 / 喻鹏 摄

也就不远了。

汽车拐进一片荒凉的草滩，前方几乎看不到明显的路基，前车绕来拐去，躲开水坑和石头，试探着前行。路况实在太差，有时候汽车甚至要退回去一段，再重新尝试新的路线。几经辗转，我们才来到草滩深处的山脚下。

近山脚处是陡峭的岩壁，再往上是相对平缓的草坡，野草间裸露着无数灰色岩石，阳光洒下来，在岩壁间形成明灭不定的影子。第一眼看过去，满目苍凉，除了石头与野草，什么也没有。突然之间，岩壁暗影处，一块灰色岩石好像动了一下，紧跟着好几块石头也动了起来，等到它们移动到阳光下，我才发现，原来这是一群岩羊！

它们在岩石间上下跳跃，轻盈而灵动。摄影师端起长焦相机，追逐着岩羊的跳动，不停按动着快门，而我的手机镜头，只能勉强拉近，看到它们模糊的身影。

一只，两只，三只，还没等我数清楚，岩羊群迅速地跃下了峭壁，转移到了更高的山坡，沿着山脊线继续往上。有青草做背景色，我终于看清楚，这群岩羊至少有20只，公羊头顶有两只漂亮的犄角，小羊则紧紧跟着母羊。它们或者低头吃草，或者追逐嬉戏，几只岩羊停留在山脊线上，静静望着远方。蓝色天空下，阳光清晰勾勒出它们的身体轮廓。时间仿佛静止，这一刻，它们才是这片湖光山色的主人。

岩羊是青藏高原特有的物种，主要生活在2100～6300米岩石裸露的悬崖峭壁地带。它们的蹄子非常适合攀爬，奔跑在陡峭的岩石上如履平地，灰色皮毛在岩壁上更是自带天然伪装。不过，高山裸岩地带也是雪豹的领地，它们最喜欢的捕猎对象就是岩羊，在食物链上，雪豹与岩羊是“相爱相杀”的一对。

冬格措纳湖北岸和西岸的崇山峻岭间，人迹罕至，山势陡峭，最适合岩羊生息，自然也成为雪豹经常出没之地。通常，岩羊群活动区域再往上四五百米，就会有雪豹出现。

如此想来，我们在山下欣赏着这群岩羊在岩石间跳跃，会不会有只雪豹此刻也正在高处静静观察着它们的行踪？

回头望去，冬格措纳湖露出一线蓝色湖面，更远处是阿尼玛卿山的洁白雪峰。山谷静谧，万物有灵，天地间或许即将上演一场不被打扰的相逢。

◇◆◆世界雪豹日

2013年10月23日，第一届全球雪豹保护论坛在吉尔吉斯斯坦首都比什凯克举行，中国与其他11个亚洲国家共同签署了《比什凯克宣言》，将2015年设立为“国际雪豹年”，将每年的10月23日确定为“全球雪豹日”，又叫“世界雪豹日”。

专门为雪豹设立一个节日，表明了这种生物对于自然生态和人类生存的重要性。雪豹是亚洲中部高山地区的特有物种，也是全世界分布海拔最高的大型猫科动物。据世界自然保护联盟推算，中国的雪豹种群有2000～2500只，种群数量和栖息地面积均占全球60%以上。近年来，为加强对雪豹及其生态系统的保护，中国颁布了一系列法律法规，并组织开展了各种针对雪豹的科研监测，已建成各级雪豹自然保护区30余处；中国还与各雪豹分布国共同推动落实“全球雪豹及其生态系统保护计划”，开展了大量卓有成效的工作。如今，在三江源地区，雪豹的种群数量正在逐渐增加，雪豹及其栖息地保护初见成效。

/ 雪中漫步的雪豹 / 视觉中国 提供

湖滩上的莫格德哇遗址

冬格措纳湖水向西注入托索河，托索河又与来自西北岸山间的约格柔曲汇合，最终一路向西北流入柴达木盆地，为那里干旱贫瘠的土地带去滋润。两河汇聚之地，形成了一片平坦的河滩，这里就是玛多地区少有的人文遗迹——莫格德哇古墓群遗址所在地。

根据网上有限的资料，我们只能大致知道，莫格德哇古墓群遗址面积约2000平方米，现存有残墙、墓洞、壕沟等。在第三次全国文物普查中，这里被认定为唐代吐蕃墓葬群，对藏族文化历史发展和黄河源头流域文化具有较高的研究价值。

遗憾的是，这片遗址区历年来被盗墓者多次疯狂盗掘，古墓群遭受严重破坏。我们走到古墓面前，都没有看出来这是一处文化遗址，眼前只剩下几个黑洞洞的土坑，坑里除了杂草再没有别的东西。

在才让局长的指点下，我们仔细观察土坑边缘的一圈石头，发现它们排列规整，再看坑中，也能找到叠垒整齐的石块，显然，这是人力所为，这些石块应当是墓室残存的墙体部分。然而除此之外，我们再无发现。据说在上次文物普查中，考古工作者对这里进行了抢救性发掘，但也仅仅发现了零星

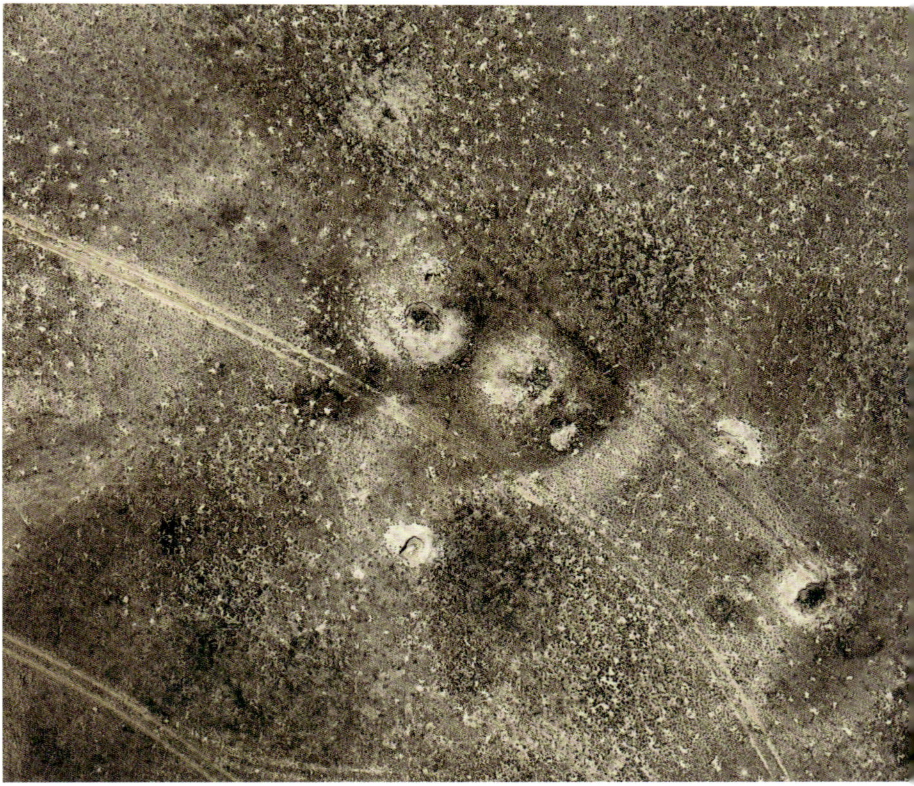

/ 莫格德哇古墓群遗址墓坑 / 喻鹏 摄

的文物。

摄影师用无人机对遗址片区进行了拍摄，透过镜头看到的莫格德哇古墓群遗址现状，更加触目惊心，不仅仅是在草滩上，连附近的山坡上，也有不少古墓室。它们曾经收藏着吐蕃皇室的历史与财富，如今，吐蕃王朝已经消散在历史的长河之中，只剩下这一个个被挖空盗尽的墓坑，仿佛一只只黑洞洞的眼睛凝望着天空。

冬格措纳湖畔的寻觅

离开莫格德哇遗址，冬格措纳湖的行程接近尾声，我们沿着乡道往西南方向走，很快来到了一个三岔路口。往右是返回玛多的县道，往左是一条不知名的土路，才让局长和司机商量了一下，决定再去西岸碰碰运气，那里正是棕熊的出没之地。

冬格措纳湖西岸耸立着海拔较高的冬格扎盖拉兹山，汽车又经历了一段翻山越岭的艰难行程，再次回到湖边。沿湖公路尚未完工，我们一直开到碎石路的尽头，才停了下来。

公路一边是直刺天空的石峰，另一边是陡峭的断崖，断崖下是绿到发蓝的湖水，远处的湖岸划出一道温柔的曲线，岸边是洁白的碎石沙滩，湖水拍打上来，激起微微的浪花。眼前美景完全颠覆了我对高原湖泊的认知，不过此刻我也只能想到庸俗的一句形容——马尔代夫也不过如此吧。

我们身后的石峰，据说就是棕熊的栖息地。棕熊也是生活在三江源地区的一种食肉猛兽，食物以高原鼠兔为主，不过它们也能捕杀野牦牛（国家一级保护动物）、岩羊等动物。夏天它们的捕猎对象很多，食物充足，所以很少会来到海拔较低的湖边。

/ 冬格措纳湖蓝绿色的湖水 / 喻鹏 摄

我们往山坡上走了一段，没有发现棕熊的踪迹，倒是意外看到了草丛中有个动物的头骨。白色头骨非常干净，拿在手里像是一个精致的艺术品。局长辨认了一下，觉得这应该是马鹿的头骨，从风化的状态来看，死亡时间应该很久了，不会是近年的偷猎行为造成的。

从公路断头处继续往前走，是一大片草滩，湖边有头牦牛正在低头喝

/ 马鹿头骨 / 喻鹏 摄

水，两只水鸟从它身边游了过去。把马鹿头骨放在湖边草地上，旁边正好盛开着一丛黄色野花，以湖面和蓝天为背景，我拍下了一张照片。虽然此行没有看到棕熊有点遗憾，但发现马鹿头骨，倒像是冬格措纳湖赠予我的一个小小彩蛋。

与『雪山之王』雪豹同行

◆◆◇

人物专访

阿旺，青海原上草自然保护中心负责人

/ 睡着的雪豹 / 视觉中国 提供

◆青海原上草自然保护中心是一家什么性质的公益机构？你们成立这一机构的初衷是什么？

原上草自然保护中心是青海省民政厅注册的一家民间环保组织，属民办非企业单位。过去几年，我们在青藏高原生态保护的工作上积累了一些经验，在这个基础上，我们成立了原上草这样一个民间组织，我们的初衷或者说使命，就是通过挖掘地方的生态文化，在科学研究的基础上，推动三江源地区人和野生动物的和谐共存。

◆这些年，你们与三江源国家公园尤其是黄河源园区进行了哪些与生态保护相关的合作？

三江源地区，需要多一些民间力量投入进来，推动地方的生态保护，而我们重点关注的是黄河源这个区域。相对于长江源和澜沧江源园区而言，黄河源园区的生态科研和民间环保组织较为薄弱，尤其是生态保护和生物多样性监测这部分工作。所以，原上草与三江源国家公园黄河源园区管委会从2019年开始合作，主要是做黄河源园区雪豹的监测，这个工作在那之前几乎是个空白。

这个监测工作一直持续到现在，已经取得了一些成果。从前年开始，我们又与黄河源园区合作开展了黄河源草场修复区域的生物多样性监测，以帮助他们了解草场修复的进度、效果以及对生物多样性的恢复所起到的作用，等等。

◆ 黄河源园区的雪豹监测工作是如何进行的？这几年取得了怎样的成绩？

目前，国家公园黄河源园区雪豹的监测区域主要是在冬格措纳湖，其他还包括阿尼玛卿雪山地区，整个监测面积大概有1万平方公里。我们会先去寻找适合雪豹栖息的地方，找到它们在崎岖山谷中行走时留下的痕迹，包括它们的脚印、留下的排泄物和固定的饮水点。我们也会观察岩羊出没的地方，作为雪豹的食物，它们生活的地方也是雪豹的出没处。然后我们在合适并安全的地点放置红外相机，定期提取相机拍摄数据，从而分析雪豹的生存状态。

过去3年里，我们已经监测到大约有30只雪豹生活在这一区域，并且监测到了5～7只雪豹幼崽的诞生。我们应该是第一个在黄河源园区做雪豹监测的民间公益机构，这些监测数据为园区管委会提供了非常重要的生态保护参考数据。在2022年7月玛多县举行的首届黄河生态教育论坛上，我们还受邀就黄河源园区的雪豹监测成果进行了汇报。

◆在冬格措纳湖，还监测到了哪些野生动物？

这几年，监测点拍到了雪豹、狼、棕熊和猞猁等大型肉食动物，也监测到了盘羊的出现，这种大型草食动物在整个果洛地区也只在冬格措纳湖边有所发现。另外，白唇鹿、马鹿等也经常出现在我们的镜头里。这表明，冬格措纳湖是整个玛多区域生物多样性比较集中的地方，野生动物物种和数量的逐步增加，也表明玛多地区的生物多样性正在恢复当中，趋势向好。

你可以去我们原上草的公众号看看，那里有不少从红外相机监测的影像资料中截取的画面，雪豹、猞猁和金雕等在隐蔽的镜头前流露出来的自然状态，映衬着身后的冬格措纳湖的蓝色水面以及远处的雪山，堪比艺术大片。

◆除了红外相机拍到的动物画面，你是否亲眼看到过雪豹或棕熊出没？能与我们分享一下你这几年在冬格措纳湖进行野外工作的心得吗？

这些年我一直从事藏地生态保护工作，后来创办了原上草自然保护中心，现在又在黄河源园区做生物多样性监测，但遗憾的是我只在野外邂逅过一次雪豹，虽然只是惊鸿一瞥，但那一刻的激动心情，至今难忘。而在冬格措纳湖以及玛多县，棕熊出现在牧民居住区的次数越来越多，尤其是冬季食物匮乏的时候，它们往往会闯进牧民家中。我就曾经拍摄到棕熊在当地牧民家外出现的视频。现在，我们也会把在监测中掌握到的棕熊活动范围告知牧民，让他们有所防备。

每个季度我们都会前往冬格措纳湖，对所有红外相机进行监测数据的回收。4～8人团队的回收工作差不多要持续一个星期，这个过程是非常辛苦和枯燥的。这5年来，我们也培训了200多名当地牧民志愿者和环保人士，他们学会了在野外寻找雪豹踪迹、安放红外相机以及收集信息，现在有更多的人加入了黄河源地区的野外监测工作中。每当我从拍摄的画面中看到雪豹带着幼崽经过的身影，看到猞猁凑近镜头的“大头照”，看到各种野生动物在雪山湖泊间自由出没的场景，都会非常感动。这正是我们开展工作的初衷——早日修复人与动物在大自然中和谐相处的关系。

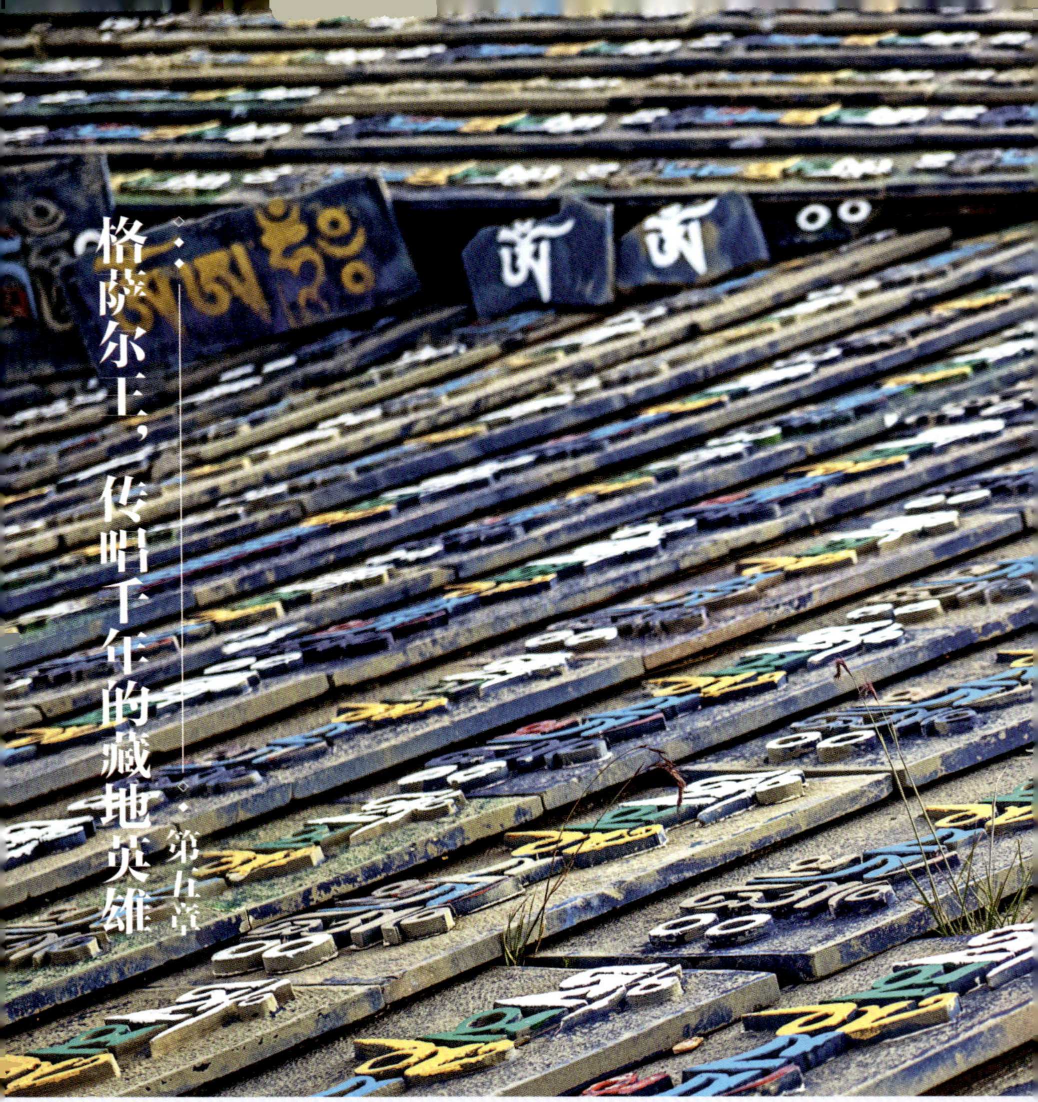

第五章

格萨尔王，传唱千年的藏地英雄

果洛，这片雪峰环绕、大河流淌、湖泊众多的广袤草原，就是《格萨尔》史诗中描述的玛域大地，而玛多更是格萨尔赛马称王之地。急促的马蹄声曾响彻黄河岸边、扎陵湖畔，花石峡的石头山间，仿佛还弥漫着霍岭大战的血雨腥风；冬格措纳湖边的珠姆桑炽，曾升起珠姆王妃祈祷大军胜利的桑烟；豆错湖中，至今流淌着王妃归来时苦涩的眼泪……

/ 格萨尔文化博览园中刻有六字真言的石板 / 喻鹏 摄

时光荏苒，沧海桑田，果洛草原上仍然流传着格萨尔王的英雄事迹。我们此行正是徜徉于神山圣湖的英雄遗迹间，聆听这一多民族共享的口头史诗，感受这一凝聚民族精神的重要纽带。

玛域，英雄诞生的地方

德国哲学家黑格尔说过：“史诗，就是一个民族的传奇故事、书或者圣经。”

大致成形于10世纪前后的《格萨尔》史诗，在雪域高原流传千年，其中就隐藏着丰富的藏地历史地理信息，也是藏族文化的核心体系之一。《格萨尔》是中国三大史诗之一，它展现出来的是雪域高原数千年沧桑轮回、社稷变迁和世态炎凉的历史记忆，同时全面反映了藏族和相关族群的历史、社会、风俗、道德、文化的古老风貌，堪称一部多民族文化的百科全书。它与蒙古族《江格尔》、柯尔克孜族《玛纳斯》并称为中国少数民族三大史诗。

根据考古学家和史学家的研究，《格萨尔》史诗中描述的雪山、河流与湖泊，对应的正是青藏高原三江源地区的独特地貌。作家阿来在重写《格萨尔王》时曾经来过这片雪域，亲身考察传说中的那些神山圣湖，“我只需要登上青藏高原，那些吟唱，形形色色的吟唱还在雪山之下，草原之上，黄河之源，长江之源，澜沧江之源。”

格萨尔王建立的岭国，疆域覆盖了长江与黄河源头的辽阔区域，而他一生中最值得骄傲的赛马称王的故事，则发生在青海果洛藏族自治州境内的黄

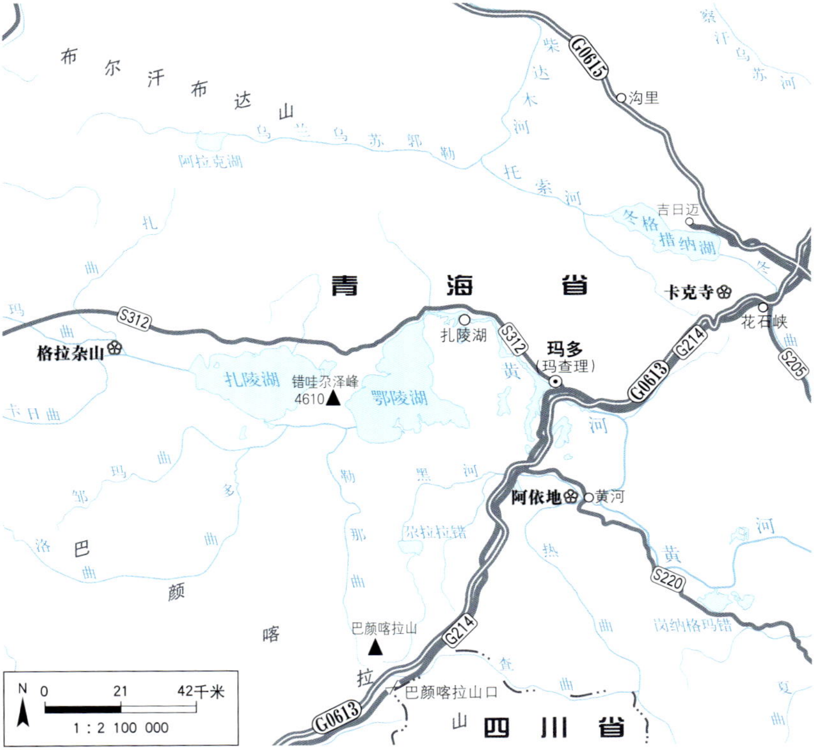

/ 阿依地和格拉杂山 /

河源地区。在果洛，目前已知的格萨尔遗迹多达132处，其中包括了格萨尔时代的城堡遗址、赛马称王的起点、登基称王地、生活场所、神山圣水遗迹等，它们正是10世纪前后岭国部落在果洛地区活动及繁衍生息的有力佐证。

在史诗的开篇，神子崔巴噶瓦发愿降临人间，做黑发藏人的君王，玛域大地上雄伟的阿尼玛卿山就是他的“寄魂山”。年幼的格萨尔受尽叔叔晁同的刁难，5岁时被迫与母亲迁居到黄河源头，到了12岁时，格萨尔参加了部落赛马大会，他骑着天马从黄河岸边的阿依地出发，沿着黄河一路向西飞奔，率先到达曲麻莱的格拉杂山，在这里登基称王，并娶了加洛部落中最美丽的少女森姜珠姆，至今小山上还保留着他登基时的石头宝座。

珠姆王妃在扎陵湖东岸的加洛部落中长大，扎陵湖、鄂陵湖和卓让湖是她父亲和兄长的“寄魂湖”，她的宫殿曾经矗立在清澈的湖水边，如今只剩下了一点残破的墙体。

在玛多县和花石峡镇中间的连绵石山间，格萨尔王曾率领岭国大军与霍尔国展开大战，后来人们还在这里找到一些残缺的盔甲和弓箭。冬格措纳湖边的珠姆桑炽，曾是珠姆王妃祈祷岭国百姓平安的煨桑处。

重塑神话的《格萨尔王》

雪域高原传唱千年的《格萨尔》，是世界上迄今发现的最长的英雄史诗，流传于世的约有120多部、100多万行诗句，共计2000多万字。要想读完这部鸿篇巨制，对大多数人来说都是不可能完成的任务，好在还有阿来重写的这本《格萨尔王》。

2005年，英国坎农格特出版公司发起“重塑神话”全球项目，约请各国著名作家改写世界各地的古老神话。目前已经加盟这一计划的有诺贝尔奖、布克奖获得者及畅销书作家，如大江健三郎、齐诺瓦·阿切比、若泽·萨拉马戈、翁贝托·艾柯等，中国则有阿来、苏童、叶兆言等作家参与其中。

阿来借鉴现代小说的形式，对《格萨尔》史诗进行了再创作。他在书中设置了两条主线，一条发生于古代，讲述神子格萨尔王降临人世后建立岭国、降魔除妖的英雄事迹，另一条则是现实中的藏族牧民晋美得到神授、成为史诗说唱艺人的经历。两条线索的交织，丰富了格萨尔史诗的文化内涵，也为读者提供了阅读神话的多元视角。

/ 上：果洛的黄河河谷 / 视觉中国 提供　　/ 下：果洛的连绵群山 / 视觉中国 提供

格萨尔王建立岭国后，在达日县境内修筑了规模宏大的狮龙宫殿，传说四周有1000多条山沟从东西南北四个方向指向这座宫殿，构成了一幅巨大的八宝如意图。

2006年，《格萨尔》史诗入选《第一批国家级非物质文化遗产名录》，2009年又入选联合国教科文组织《人类非物质文化遗产代表作名录》。2010年，果洛被命名为“中国格萨尔文化之乡”。2014年，这里设立了全国唯一的格萨尔王文化生态保护实验区，包括黄河源格萨尔赛马称王地核心保护区、德尔文史诗村—龙恩寺核心保护区、格萨尔王狮龙宫殿核心保护区、年保玉则神话核心保护带、格萨尔寄魂山（阿尼玛卿雪山）保护带、班玛碉楼文化—格萨尔寺院群保护带等6个实验区。

行走在玛域大地，无论你走到哪里，都能触摸到格萨尔王留下的遗迹，都能聆听到关于格萨尔王的英雄事迹。这些故事经过藏地无数传唱者的心口相授，流传至今，他们当中有很多人甚至是在某一刻突然受到“神启”，开始讲述格萨尔王的故事。

◇◆◆ 了解更多

- **电影：《格萨尔王之磨炼》**

《格萨尔》史诗中塑造的英雄形象已经深入人心，2022年夏天发布的动画电影《格萨尔王之磨炼》则选取了史诗中具有代表性的几个片段，首次将格萨尔王的形象搬上了大银幕，影片以炫酷的视觉效果和生动紧张的情节提炼，将更多人带回那个英雄的年代。

- **纪录片：《格萨尔的英雄草原》**

这部纪录片由上海和青海两地合作出品，分为《草原英雄》《荣耀之光》《游吟诗人》3集，以时空交错的叙事手法讲述了1000多年来格萨尔史诗在青藏高原和海外的流传故事，以及格萨尔文化版图在世界的构成，同时向我们呈现了青藏高原独特的地理形态、民族信仰和草原文化。

/ 阿尼玛卿山——格萨尔寄魂山 / 视觉中国 提供

在果洛，《格萨尔》史诗的代表性传承人目前有300多人，他们中有能说唱多部《格萨尔》的闻知艺人和神授艺人，也有一生发掘了数百件格萨尔王伏藏的掘藏师。而在甘德县的德尔文村，从几岁小孩到白发老者，几乎人人都能说唱几段《格萨尔》，他们坚信自己就是格萨尔王及其属将的后裔，并且立誓会把格萨尔赛马称王的英雄事迹一代代传唱下去。

赛马称王，英雄的起点

雪山之上的雄狮王，

绿鬃盛时要显示！

森林之中的出山虎，

漂亮的斑纹要显示！

大海深处的金眼鱼，

六鳍丰满要显示！

潜于人间的神降子，

机缘已到要显示！

……

在雪域大地，《格萨尔》史诗说唱艺人常常以这段诗句作为演唱的引子，诗中所唱到的机缘，就是赛马称王这段传奇。它讲述的是平凡的牧民之子觉如蜕变为英雄格萨尔王的神迹，他骑着一匹平素混迹于野马群里的天马，赢得了比赛，也赢得了美人与王位，这其中又穿插着他与叔叔晁同的快意恩仇，以及与森姜珠姆之间的爱情故事。

/ 格萨尔王策马扬鞭的雕像 / 视觉中国 提供

根据诗中的描述，史学专家和考古学者在反复考察论证后认为，玛多县黄河乡的阿依地，与史诗中对关于赛马称王之地的环境描述特别相近，应当就是格萨尔赛马称王的起点。

阿依地，藏语意为“四个垭口”，位于黄河乡江旁村一带，从玛多县城出发向南，开车一个多小时就能到达。

/ 箭台前摆放着嘛呢石板 / 喻鹏 摄

站在阿依地的山坡上，环顾四周，三座小山包围绕在周边，山下是一望无垠、青草萋萋的野马滩，更远处，热曲与江曲汇合后流入黄河，一路向东南而去。眼前所见，与《格萨尔》史诗中所唱别无二致。

山坡最高处，五彩经幡堆迎风猎猎作响，旁边矗立着两座略显残破的箭台，高一点的箭台上，刻着“公元1050（藏历铁虎）年格萨尔赛马称王之

/ 在箭台顶部筑巢的大鵟 / 喻鹏 摄

地——阿依地”一行字，台前摆放着一些刻有格萨尔像和经文的嘛呢石板。

不经意间我们发现，箭台顶部的箭杆丛中，竟然还有一对大鸶安了家，破碎的经幡布条成为它们就近取材的筑巢材料，五彩斑斓的鸟巢还挺漂亮。我们的到来，好像并没有引起它们的慌乱，它们依然待在巢里，只是警惕地盯着我们的一举一动。

据当地人说，天气晴好的时候，从这里向西北方向远眺，能看到鄂陵湖畔的错哇尕泽峰，当年格萨尔赛马时就经过了那里。再往西去，扎陵湖西北岸的曲麻莱县麻多乡境内，有座叫格拉杂的小山，那里就是赛马的终点。

站在山顶，阳光和煦，微风轻拂，此时此刻，不妨让思绪回到千年前，岭噶部落举行赛马大会的那一天。

那应该也是一个阳光灿烂的日子，草原上开满了鲜花，岭噶部落的民众都聚集到了河滩上，僧人在山坡上煨起了桑烟，诵经祈祷比赛顺利，各个部落推选出来的勇士身着盛装，骑着骏马，在起点前一字排开，每个人都渴望赢得这场赛马。《格萨尔王传》（五洲传播出版社，2020.12）是这样描述当时的场景的：“人头攒动，如山似海。岭地的赛马英雄和勇士们个个英姿飒爽，好不威风。没有人不认为自己是胜利者，没有人以为自己不会夺得王位。”

一声令下，勇士们扬鞭策马，似离弦的利箭飞奔了出去。隐藏着自己神子身份的觉如（格萨尔）也来参加比赛了，他骑的是一匹从野马群里挑出来的马，看上去其貌不扬，却是随他一同降临人间的天马。

一开始，低调的觉如混在大队人马中，并未显出锋芒。勇士们沿着黄河一路向西向北，跑过了草原，跑过了山岗，晁同与他的儿子东郭和东赞骑着部落最好的骏马跑在队伍的前列。关于这场赛马，有说跑了三天三夜的，有说跑了五天四夜的，更有甚者说这场漫长的比赛持续了整整三个月。而在比赛途中，觉如大显神通，赶走了前来捣乱的妖魔，顺便还戏弄了他的叔叔晁同，最后奋起直追，超越所有对手，骑着天马第一个到达了终点。

扎陵湖畔的格拉杂山下，人们载歌载舞，簇拥着觉如登上了岭国的王位。

从这一刻起，英雄格萨尔王诞生了。

格萨尔赛马称王所跑过的距离，从玛多黄河乡阿依地到曲麻莱县麻多乡格拉杂，用现在的测量方式来计算，差不多有300公里。不管当时的格萨尔策马奔跑了三天三夜还是三个月，都是传说中的情节，今天的我们，从阿依地出发，驱车前往格拉杂，要花5个多小时，沿途要经过草原上的星星海，经过唐蕃古道上的驿站玛查理镇，经过黄河源头的鄂陵湖和错哇尕泽峰，最后来到扎陵湖畔的格拉杂山。

《格萨尔》史诗中记载的许多传奇故事，都与曲麻莱县有关。其中写到的格萨尔称王登基的地方，就在曲麻莱县麻多乡扎加滩格拉杂山。2016年5月初，11位来自全国各地格萨尔文化研究机构的专家学者汇聚于此，经过两天的实地考察调研，大家一致认为，格萨尔赛马称王登基台遗址和史诗中描述赛马称王的场景吻合，已经被世代民众认可，并建有相关纪念性建筑，在重要节庆举办祭祀和赛马等纪念性活动，符合教科文组织关于非物质文化的相关定义，也契合了当地民间风俗和藏族文化的传统理念。

格拉杂山并不高，公路边一块指示牌显示，这里距离黄河源头约古宗列曲只有95公里。山脚有一座“格萨尔赛马称王登基地”纪念台，台基上的题记文字表明，这个纪念台是2016年设立的，以纪念对格拉杂格萨尔遗址的考察认定。

格拉杂山下，尚存传说中格萨尔登基称王的宝座遗址，因为年代悠久，片岩砌成的宝座已与岩石浑然一体，几不可见。山顶建有一座多聪庙，旁边是8座小白塔与长长的嘛呢石墙。小道上走来两位藏族阿妈，摇着转经筒沿着嘛呢石墙一路转过去了，这是她们每天的功课。

白塔前矗立着一座金色的雕像，格萨尔骑在骏马上，左手挥旗，右手扬鞭，再现了当年他称王登基后操练岭国军队的场景。

站在格萨尔王像前，极目远眺，山下是一马平川的扎加滩，身后更远的山坡上，无数五色经幡堆在阳光下闪烁着光芒。

就在这片山水之间，格萨尔王的英雄故事已经流传千年。

尕吾金殿，格萨尔的掘藏

7月间一场突如其来的大雪，打乱了我们行走黄河源的节奏。考虑到雪后路滑的行车安全问题，我们临时决定前往全程高速可达的花石峡镇。

耐心等到中午，阳光终于破云而出。汽车在高速公路上飞速行驶，窗外突然掠过一列雪山，山间有不少嶙峋巨石，石头上薄薄的雪层已被阳光融化，露出黑色的岩体，远远望去，仿佛天地间挥洒出的一幅水墨长卷。

等到拐了一个弯，两山之间峡谷延伸，雪坡上矗立着一排巨大的五彩经幡堆，在白雪的映衬下分外耀眼。左侧山坡上，一座方正的金顶小殿吸引了我们的目光，那就是格萨尔尕吾金殿，我们此行的目的地。

在玛多这片高原大地上寻访格萨尔的足迹，花石峡与格萨尔尕吾金殿是重要的一站。

花石峡，藏语名字为“造日埂然吾”，意思是犏牛的犄角之间。两列东西走向的石山，远远望去正如一对牛犄角，扼守着通往三江源地区的北大门。1300多年前，文成公主便是带着大唐先进的文化与各种生产技艺，从长安出发，沿唐蕃古道走过这里，在鄂陵湖边的柏海滩上见到了前来迎亲的松

/ 雪坡上的格萨尔尕吾金殿和五彩经幡 / 喻鹏 摄

/ 扼守三江源地区北大门的花石峡 / 喻鹏 摄

赞干布。

20世纪50年代建成的214国道，从青海西宁到云南景洪，纵向穿过三江源地区，花石峡是这条公路上的一个重要节点——当年的筑路者正是看到峡谷两侧山石纹理纵横交错，所以留下了花石峡这个名字。很长一段时间里，花石峡镇一直是连接西宁和玉树的重要中转站，无数旅人都曾在这个小镇停下脚步，吃顿炕锅羊肉，住上一晚，稍事休整之后再继续自己的行程。

后来建成的德马高速和花久高速同样穿过花石峡镇，使这里成为进藏入疆出川的必经之地，交通枢纽功能更加凸显。从花石峡镇出发，沿花久高速向东，一个多小时就能到达世界上海拔最高的公路隧道“雪山一号”隧道。穿过隧道，阿尼玛卿雪峰近在咫尺，你甚至能看到雪山下的晶莹冰川。

在《格萨尔》史诗所营造的宏大体系中，格萨尔王一生中有不少故事都发生在花石峡。

格萨尔赛马称王、建立岭国之后，为了保障草原的统一，他率领将士四处征战，降伏的妖魔被属下大将带到花石峡看管起来，最后都变成了山上那些奇形怪状的石头。花石峡以西的冬格措纳湖畔，有座天然形成的石台（当地百姓称之为珠姆桑炽），珠姆王妃就是在这里煨桑，祈祷格萨尔王战无不胜、岭国百姓平安吉祥。

花石峡镇以南有座小湖，藏语名为豆错，又叫苦海。传说珠姆王妃被霍尔国的白帐王掳走，备受折磨，格萨尔王率领岭国大军，历经几年征战，终将王妃救出。珠姆返回故乡时，曾在豆错沐浴，泪洒湖中，从此，豆错的水变得又苦又涩，湖中鱼虾不存，毫无生气，苦海的名字也流传到现在。

拥有众多格萨尔文化遗址的花石峡，曾经出现过不少格萨尔史诗文化的传承者，其中比较著名的就是唐热活佛。他是卡克寺和尕吾金殿的建造者，同时也是一位著名的格萨尔文化掘藏师。

/ 半山上的卡克寺 / 喻鹏 摄

卡克寺位于花石峡镇东泽村，最早是以流动帐篷寺院的形式存在，20世纪80年代，由唐热活佛主持，在镇西半山上建成了现在的卡克寺。

唐热活佛出生在花石峡，16岁就登上法台为僧众讲法。38岁那年，唐热活佛开始掘藏，由此成为格萨尔文化的挖掘、传承和传播者。他一生大约掘藏400余件，多数都与格萨尔文化相关。他后来主持修建的尕吾金殿，就是收藏这些掘藏宝物的一座“小型博物馆”。

尕吾金殿不大，推门进去，室内异常昏暗，等到眼睛慢慢适应光线，出现在眼前的是我从来未曾见过的拥挤的殿堂。神台上供奉着莲花生大师镏金铜像，神台前的玻璃柜里堆满了破旧的铠甲、兵器和法器，靠墙一排柜子里是各种佛像和造型威武的岭国30员大将的神像，门后左右两侧柜子里是满满当当的花纹奇特的石头与生物化石，梁柱上挂满了面具与箭镞，就连地上都堆着各种稀奇古怪的玩意儿。我们不得不小心翼翼地在其中闪转腾挪，才勉强将这些收藏品看了个大概。

接待我们的是唐热活佛的长子达保活佛。在他的讲解下，我们才知道，这满屋的展示，都是唐热活佛历年来的掘藏。而关于他的掘藏故事，在果洛甚至整个涉藏地区都有流传。据说唐热活佛曾在睡梦中得到神授，事后就会在某户人家里找到与岭国相关的物品，当他经过某处湖泊时停下来坐在湖边念经，人们就能在他指定的位置捞出格萨尔王留下的宝物。

达保活佛从玻璃柜里取出一顶头盔，告诉我们这是唐热活佛掘藏出的岭国大将用过的头盔。我小心翼翼地把它拿到殿门处，在阳光下细细察看。头盔前额处镶嵌着金色的梵文和吉祥八宝图案，下部缝缀着一圈保护颈部的皮条，能看出制造工艺精美，而且很有些年头。

像这样珍贵的文物，还有铠甲、经文、佛像等。达保活佛一一将它们取出来，让我们拍照，给我们讲解它们的来历。

这些收藏在尕吾金殿中的掘藏物，都是唐热活佛研究和传承格萨尔文化的物证。他曾多次受到格萨尔文化研究机构和文化部门的认可和奖励，在金殿进门处，就摆放着相关部门授予的“格萨尔文化保护传承基地”的铭牌。尕吾金殿也是果洛5个重要的格萨尔文化研究基地之一，每年都会举办一次格

/ 上：达保活佛 / 喻鹏 摄　　/ 下：岭国大将用过的头盔 / 喻鹏 摄

萨尔修供大法会，其间，僧人们会用糌粑制作格萨尔朵日玛（一种供品），诵唱经文，祭祀英雄。

走出金殿，午后的阳光落在殿前的雕像上，一位武将骑着棕色战马，身披铠甲，威风凛凛，仿佛下一刻就要扬鞭策马而去。达保活佛告诉我们，这尊雕像是格萨尔王属下30员大将之一的达彭，花石峡的守护神。唐热活佛就是达彭的转世，因此他生来便承担着讲述格萨尔王传奇、爱护花石峡百姓的责任，数十年来一直孜孜不倦地传播格萨尔文化。

2020年11月27日，唐热活佛在家中安然圆寂。当地数千僧众赶来参加活佛的荼毗大典，据说，在法事进行的过程中，有几只白色大鹰一直在空中盘旋不去。

沿着盘山小路继续往上，我们来到了卡克寺。主殿观音殿不大，门口柱子上装饰着五彩花绳。站在殿前空地上，望出去正好能看到山下谷地中的花石峡镇积木般的房子。活佛告诉我们，观音殿中正在举行一年一度的普贤会，法会持续五天，我们来得巧，正好赶上最后一天的活动，附近的村民都来了。

观音殿中挤满了村民，看得出来他们非常重视这场法会，所有人都身着盛装，佩戴着色彩绚丽的银饰和珊瑚、蜜蜡、绿松石。神像前喇嘛们坐成一排，反复吟诵着经文，前排几位妇人虔诚地磕着长头，不少人盘坐在地上，手里摇动着转经筒，大家都跟随喇嘛轻声吟唱，神态恬静。摄影师蹲在人群后，用相机悄悄地捕捉着人们的表情，一位身着紫花藏袍的小女孩可能是发现了他，羞涩地转过身去，一会儿又偷偷扭过头来寻找着镜头，露出一个可爱的微笑。

舒缓的吟诵一直在殿中回旋反复，不知道持续了多久。我静静地聆听，虽然完全不懂他们唱的是什么，但那旋律仿佛有一种能让人心灵平静的魔力。

这一刻，我不由自主地想到，应该感谢这场突如其来的雪，否则在我们按部就班的行程中，就会错过雪后初霁时的五彩经幡，错过卡克寺的这场法会，错过这些虔诚淳朴的村民，也错过镜头前羞涩微笑的女孩……

◇◆◆伏藏与掘藏

民间历来将《格萨尔》史诗说唱艺人分为神授艺人、顿悟艺人、闻知艺人、圆光艺人和掘藏艺人等几种不同的类型，他们或多或少都经历了“神授”的际遇，而其中最令人惊叹的就是掘藏艺人。

说到掘藏，先要知道与之相对应的伏藏，伏藏与掘藏皆出自藏传佛教。8世纪，莲花生大师和弟子将许多佛教典籍和文物藏匿于涉藏地区各地，以供后世弟子在适时掘出，再次弘扬佛法。这场拯救佛教文化的运动被称为“伏藏”，后世这些伏藏品相继被佛教徒发掘出来，则被称为“掘藏”，发掘这类物件的人就被称为“掘藏师”。后来，人们又把伏藏与掘藏引申到《格萨尔》史诗的传承中来。

“格萨尔掘藏”分为文本掘藏和实物掘藏两种，前者通常是掘藏《格萨尔》的诸多文本并以传唱的方式展示，后者则是掘藏出大量与格萨尔相关的文物，包括神像、法器和武器、盔甲等。

伏藏与掘藏是藏族地区特有的一种文化现象，也是格萨尔文化的主要传承手段之一，虽带着神秘色彩，但真实可信，历史上有大量文献记载了这一独特的文化现象。至今在果洛草原上也流传着许多格萨尔掘藏师的传奇，例如花石峡卡克寺的唐热活佛。正是他们的存在，《格萨尔》史诗才能一直传承下去。

/ 卡克寺中的唐卡 / 喻鹏 摄

玛查理镇，格萨尔文化的传承地

玛多，藏语意为“黄河源头”，这是黄河源头海拔最高的一座小城，又被称为“天上的玛多”。县府所在地玛查理镇，曾经是唐蕃古道上的古老驿站，也是格萨尔文化的重要传承地，英雄的故事与黄河源头的风景交相辉映。当地有心将与《格萨尔》史诗有关的传说转化为一种可以展示的文化品牌，岭·格萨尔文化博览园就是一次成功的尝试。

玛查理镇不大，只有一条主街，每一个来到这里的旅行者，都会被矗立在地藏王经山头的格萨尔王像所吸引。这是藏地少见的英雄格萨尔登基威慑三界宝座铜像，也是格萨尔文化博览园的主体雕塑。

2010年，玛多政府决定修建一座岭·格萨尔文化博览园。他们从设计之初就邀请了果洛的格萨尔文化传承人和全国各地的格萨尔文化研究学者共同参与规划方案，在随后的建筑施工中，当地民众或者捐款，或者义务参加劳动，为博览园的建设不计付出。2014年8月，文化博览园正式开园。

整个博览园依地藏王经山山势而建，进入园区，首先看到的是少年觉如赛马像，此时的他还是普通牧民的打扮。雕像后的墙上，装饰着赛马称王的故事浮雕图，中间是著名格萨尔专家降边嘉措题写的“岭·格萨尔文化博览

/ 格萨尔王像 / 喻鹏 摄

/ 王妃珠姆像 / 喻鹏 摄

园”，两侧休息长廊中还有格萨尔属下30员大将浮雕图。

拾级而上，两边山坡上铺满了刻有六字真言的五彩石板，最高处就是那座巨大的英雄格萨尔登基威慑三界宝座铜像，这时候的格萨尔已经头戴宝冠、端坐宝座之上，自然流露出降妖伏魔、一统岭国的英雄气概。

在格萨尔王像身侧，是他钟爱的王妃珠姆的雕像，周边则点缀着富有浓郁藏族风情的佛塔、箭台、转经筒、煨桑台和八宝祥瑞、五妙欲、七珍宝石刻等，绕山一周有转经长廊，当地信徒每天都会来到这里，绕着园区转圈诵经。

文化博览园背后，是连绵青山，山坡上布满了大大小小的五色经幡堆，在一片青绿的映衬下分外耀眼。这些美丽的经幡堆历年增加，最终形成了玛查理镇这座壮观的经幡山。

经幡堆是藏地人民信仰的寄托，出自某次虔诚的许愿，或者某次朝圣的到达。它们散布在河滩、草地、山坡甚至悬崖间，有的是列成一条长阵，有的是排出几何图形，布满一道道山坡，还有一种经幡，是用长长的挂满经文印布的绳子，以一根木杆为中心，绕成宝塔的形状，非常壮观。那些跨越深涧、横挂两山之间的五色经幡，遥遥出现在我们的视线之中，真不知道信徒们费了多少劲跋山涉水，才把这些经幡“播种”在群山之上。随着时间的流逝，不少经文印布在风雨中褪去最初的鲜丽，有风吹过，它们便沿风的方向翻翻滚滚，几欲飞去。

离开玛多的那个清晨，最后一次来到岭·格萨尔王博览园，早起的藏族老人一边摇着手中的转经筒，一边沿着经筒长廊转着圈。山顶上，金碧辉煌的格萨尔像庄严肃穆，像往常一样俯瞰着曾经的岭国疆域，如今的高原小镇。

第六章 阿尼玛卿，探秘藏文化圣地

阿尼玛卿既是山神，也是神山。他（它）在涉藏地区有着广为流传的神话故事和极高的精神地位与象征意义。前往探访阿尼玛卿山的过程，更多的是寻求正义、勇敢、坚忍的过程——即使是从距离阿尼玛卿最近的雪山一号隧道的观景台出发接近山峰，踏过仅几公里的茫茫冰川就已足够艰险。而在

/ 阿尼玛卿山日出 / 视觉中国 提供

寺庙或阿尼玛卿藏族文化中心里，供奉与朝拜则给人们提供了另一种修行的可能，用虔诚的歌颂代替攀登的艰险。但由此获得的，同样是正义与果敢，以及难得的平和。

阿尼玛卿的相遇

计划前往阿尼玛卿是在7月的一个早上，前一天还晚霞如虹，谁想今天突如其来的大雪就覆盖了地面。沿西丽高速转德马高速，高速路同样因为路基沉降而颠簸难行，再加上伴风而来的飞雪，行过每一处山间夹道时都像在翻越雪山垭口。

草原与远山已经连成一色，灰茫茫的看不清天地。风雪里，只有不怕严寒的牦牛结群而聚，它们飘逸的长毛好像高原上的旗帜。山区的气候既难以捉摸又变化多端，当太阳扯破乌云的衣服，热烈地洒落下来，飞雪也不见了，只留下漫漫的白色。我们像朝圣者一样，透过汽车前窗，企盼凝望着远处的十三座山峰聚集成的阿尼玛卿山。

两个多小时车程之后，我们已经从玛多县到了玛沁县域，穿过双洞总长9065米的雪山1号隧道，就是欣赏壮阔的阿尼玛卿雪山的最佳地点了。这条隧道是世界上海拔最高的交通隧道之一，为了既不破坏高原脆弱的生态环境，又保持冻土的稳定，避免山体随气温变化而融化或塌陷，这条隧道采用了混凝土抗冻融和三次衬砌等特殊工艺设计施工，2013年开工建设，2017年建成通车。一座如同纪念碑的幕墙立在隧道出口，上面写着“雪山1号隧

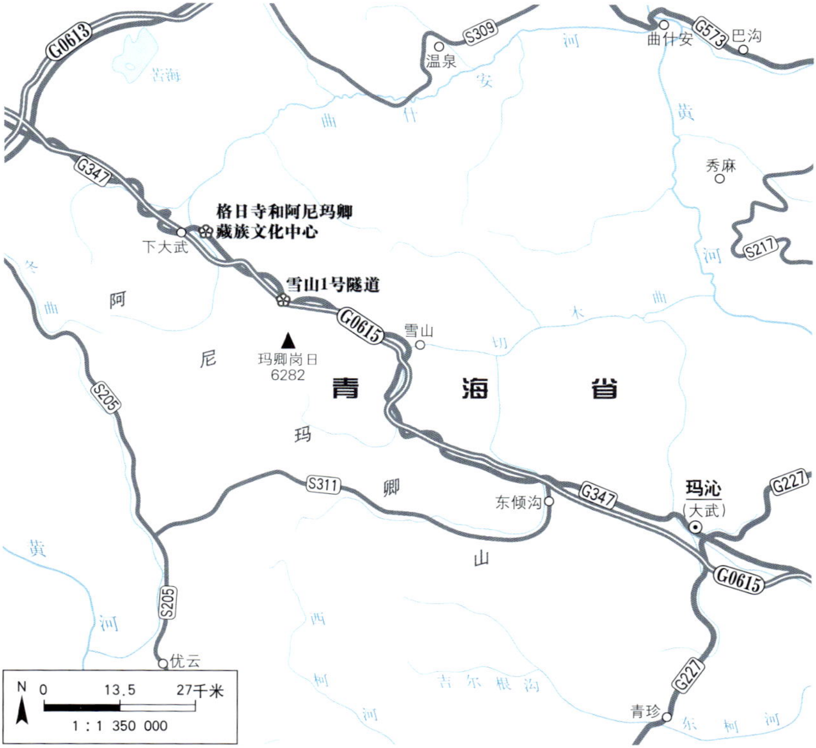

/ 雪山 1 号隧道与阿尼玛卿藏族文化中心 /

道”，那里距离近在眼前的阿尼玛卿山只有一两公里距离。再往前，是一座如同流淌的黄河一样分叉又合拢的路桥，蜿蜒通向远方。

我和一位货车司机就在隧道口的阿尼玛卿山脚下相遇。彼时他将车放在停车区，身份转换成一位无人机飞手。按照他的说法，他常年往返于青藏高原拉送货物，一路行走一路拍摄沿途风景，在雪山1号隧道出口“看望”阿尼玛卿，是他最爱的“旅游项目”之一。

“我应该换上‘高原桨’，不然飞不到雪山那里，高度也不够。”司机说。

/ 远眺阿尼玛卿山与冰川 / 喻鹏 摄

他羡慕我手中更为先进的设备，我却羡慕他可以把爱好置于工作之外的自在。

无人机飞向巍峨的阿尼玛卿山，虽然那里距离主峰玛卿岗日还很遥远，但威严而庄重、神圣而神秘的阿尼玛卿就此展现着它的容颜。在可以通过天空视角获取图像之前，人们只有通过更为虔诚的方式——徒步——攀登接近，以了解这座来历非凡的山。

传说与眼见

《西藏神话与传说故事集》（西藏人民出版社，2016.12）中记载，形成世界的九座山包括：西藏的沃德贡杰神山，雅隆之地雅拉香波雪山，北方千里羌塘的念青唐拉雪山，上部的交娃觉卿雪山，东方的玛卿伯姆热（即阿尼玛卿山），以及觉卧月甲雪山、西希乌喀日雪山、吉雪肖拉雪山、诺吉康娃桑布雪山。其中，沃德贡杰是其他八位雪山之父。

此外，在藏地神话传说中还有三大魂山之说：上部魂山冈底斯神山、中部魂山念青唐拉和下部神山玛青雪山。玛青雪山就是阿尼玛卿山。不但如此，果洛的阿尼玛卿还是藏传佛教四大神山之一，其他三座分别是阿里的冈仁波齐、迪庆的梅里雪山、玉树的尕朵觉悟。位列诸多经典“之一”，可见阿尼玛卿在藏地神话和文化体系中有多么重要。

阿尼玛卿的神话起源相当古老，在中国非物质文化遗产网的《国家级非物质文化遗产代表性项目名录》中，可以看到关于阿尼玛卿雪山传说的描述：苯教兴起之日，亦即阿尼玛卿神话传说起源之时。

由于年代久远和翻译的偏差，阿尼玛卿山有很多别名，例如上面所说的玛卿伯姆热，以及俗称的积石山或者玛积雪山，另外还有以主峰玛卿岗日来

/ 阿尼玛卿山主峰玛卿岗日 / 视觉中国 提供

指代整座阿尼玛卿雪山的。根据《噶当书》《西藏王统记》《敦煌本吐蕃历史文书》的记载，第一代藏王聂赤赞普在苯教兴起时，就称阿尼玛卿为“玛念博热”，赋予这座大山以神的色彩。

阿尼玛卿山海拔达到6282米，属于昆仑山系的支脉，主体位置在玛沁县的西北部，横跨青海、四川、甘肃和宁夏四省区，山势巍峨，山色壮丽。在藏族人心目中，阿尼玛卿雪山是雪域藏地二十一座神圣雪山中的一座，是世界九尊神山（即九位开天辟地造化神）之一，也是观音菩萨的魂山、雪域藏地护法神和格萨尔大王的寄魂山。

阿尼玛卿的神话主要是将山人格化，以英雄的形象出现，为民造福、除恶行善。玛卿山神被视为黄河流域的大山神，像世俗的统治者一样，拥有庞大的神灵王国和强大的军事集团。作为这个王国的最高首脑，玛卿山神被称为大王、大首领，拥有王妃、公主、公子及大臣、将军和千军万马。他主司青藏高原东北部人民的生死福祸，统辖高原东北部的所有山神和妖魔鬼怪，保护人们的安全。据传，“玛卿山神头戴红缨帽，身披银甲，乘玉龙白马，右手持矛，左手掌旗，腰悬宝剑，佩弓挂箭。日间巡视虚空和人间，行云布雨，施放雷电，或降吉祥，或降灾祸，奖惩人神，监视敌人。”

在《西藏神话与传说故事集》（西藏人民出版社，2016.12）一书中，阿尼玛卿的“历史”则被追溯到初代藏王聂赤赞普自天空降世时。阿尼在藏语中的意思为“先祖先翁”，玛卿意为“黄河源头最大的山”，所以阿尼玛卿的含义就是“黄河流经的大雪山先祖”。

书中提到：“传说沃德贡杰神山居住在陡峭雪峰上用各种奇异宝石镶嵌的宫殿里，他戴着白色丝巾和白色丝织成的斗篷，手腕上戴着镶嵌松耳石的手镯。一手挥舞着长矛，一手执着藤鞭，乘着一匹比风还要快的白马。沃德贡杰雪山为了拯救藏地百姓，使他们解脱各种灾难，过上安居乐业的日子，便派他的八个儿子到雪域藏乡各地保护众百姓。”

其中，“七个儿子去了藏北和康巴两区，第四个儿子到了安多地区后，用他非凡的智能和魄力，很快便消灭了妖魔鬼怪，降伏了吃人的猛兽，惩办了坏人，使安多地区的众生过上了和平幸福的日子。他精心地建造了九层水

/ 阿尼玛卿山脚下的五彩经幡 / 视觉中国 提供

晶宫殿。后来，沃德贡杰神山视察到安多时就住在水晶宫殿之中，他非常地高兴，就命令九层水晶宫殿变成阿尼玛卿雪山，并命老四为阿尼玛卿雪山之主。千百年来，他仍然遵循父王之命，忠心耿耿地保护着安多地区的山河沉浮和百姓之安乐。至今阿尼玛卿雪山背靠东方，面向西方的沃德贡杰雪山，等待着回归故乡的父命。”

抛开神话不说，黄河源头最大的山即是阿尼玛卿山。黄河在这里形成了一个180度的大拐弯，绕过阿尼玛卿山的庞大身躯，从西而来又折向西，向北再向东流去。

站在雪山1号隧道出口距离山峰最近的观景台，眼前的阿尼玛卿好像一座巨大的城池，或者说，就像传说中的九层白玉琼楼。终年不化的积雪绵延覆盖山头，层层叠叠，是琼楼的白玉屋顶；灰褐色的山脊稳如坚不可摧的墙壁；冰川从山尖“流淌”下来，像通往圣境的登楼云梯；再往近处，墨绿色的草原是这座琼楼的花园。山上巨石嶙峋，雪峰突兀，云空万里。无论是草甸上还是山谷中，乃至于寒冷难攀的冰盖上，都或集中或散落着巨大的经幡，沉淀着深厚的藏文化底蕴，具有丰富的文化价值和艺术价值，也吸引着世界各地的信仰者从四面八方涌向这里朝拜。

摄影TIPS

在涉藏地区拍摄时请注意尊重当地文化传统。进入寺庙大殿需脱鞋，拍摄人物或宗教场景时，需先征得被拍摄者或管理者的同意。

如果使用无人机拍摄，请遵守相关法规，并注意周边环境，避障系统可能监测不到经幡或电线，容易造成“炸机”损害。

/ 阿尼玛卿山脚下的寺院和白塔 / 视觉中国 提供

探秘文化中心

距离阿尼玛卿20多公里，在果洛的下大武乡，有一个地方叫雪沁。四周山山相连，有“知和未浪”“果乐何”“多洳野”“觉布空”等美好得让人忍不住反复念叨的名字。雪从山上而下，翻滚如浪。格日寺和阿尼玛卿藏族文化中心就在此处。

通往阿尼玛卿藏族文化中心的道路因融雪而泥泞，在疑惑不定地走过一片浑水荒滩之后，一片俯瞰呈凹字形的殿宇群出现了。玉石雕刻的阿尼玛卿神像竖立在入口正中，银甲白马，右手持墨色利矛，腰间挎带鞘宝剑，与传说中的形象别无二致。

文化中心门口的碑记上写着：佐钦寺传承者才仁拉加活佛于2005年（藏历木鸡年）在被誉为康藏日出东方的阿尼玛卿山的北方朝圣之门，创建世界第一座以传承藏族文化精粹为主的阿尼玛卿藏族文化中心，并于2010年8月12日完成开光盛典。

之所以选在“北方之门”，是因为传说中这里正是阿尼玛卿称王的地方。

这座文化中心是馆，是寺，也是校。走进院落，主殿外墙正在维护重

/ 阿尼玛卿文化中心的檐角 / 喻鹏 摄

修，搭满脚手架，从脚手架上方“穿出”的九座金顶，正好像阿尼玛卿山上高于草地和山峰的雪顶，暗合了传说中的九层白玉琼楼。

寺中的丹德师傅帮我们打开了文化中心大门，引领我们进入神圣的世界。在此之前，大门右侧的壁画吸引了我们的注意。那是一幅元素浩繁、脉络复杂的阿尼玛卿故事画，阿尼玛卿天神坐在画的中央，左下方是身骑玉龙

/ 丹德师傅 / 喻鹏 摄

的父亲沃德贡杰，身后的宫观与我们身处的阿尼玛卿藏族文化中心外观颇为相似，文化中心正是按照想象中的阿尼玛卿白玉楼制式所建，宫观背后是皑皑雪山。雪山与阿尼玛卿神总是同时出现在一个场景里，这幅壁画围绕着雪山，描绘了阿尼玛卿一生的故事，故事不同，形象不同。成长、除魔、征战、修法，在不同的历史阶段，阿尼玛卿的姿态和服装都不一样，有时跨马持刃，有时盔甲佛袍。不同的事件发生时，阿尼玛卿的神态也不相同，有严肃的、骇人的，也有慈爱的、温情的。

沉重的漆木大门吱呀作响，厅堂里金碧辉煌，大殿内三面皆排坐着一模一样的阿尼玛卿小神像，正前方两个角落的壁龛里各摆放着500位观音菩萨像，殿堂正中间的主位上，供奉着一座金身千手观音。阿尼玛卿山是观世音菩萨的道场，这座身处阿尼玛卿之地的大殿自然也少不了观音菩萨的护佑。同时，阿尼玛卿也是格萨尔王的护法地，《格萨尔》史诗中称赞阿尼玛卿是“战神”，所以在千手观音的两侧，右侧供奉着骑枣红马的格萨尔王，左侧供奉着骑金马的阿尼玛卿。

这座藏族文化中心距离阿尼玛卿山直线距离只有20公里，丹德师傅在此生活和理事已经10年了，他也曾发愿前往转山，徒步朝拜，七日为期。其他的时间里，丹德大多在寺中诵经和学习。文化中心本身也是一所学校，挂着“阿尼玛卿民族职业学校”的牌子。

“愿此殿宇成为众生能依所依处，成就弘扬雪域正法与发展经典传统的妙行事业，成为圆满觉悟之甘露妙药。”文化中心门口的碑记上如此写道。

走近阿尼玛卿

专题

耿占坤

/ 夕阳下的阿尼玛卿山 / 视觉中国 提供

能够看到阿尼玛卿的时候，天色已近傍晚。我们看不见西边的落日，却能够向东方眺望，清晰地看到夕阳照耀在雪山顶峰的景象。这座充满神秘的山不再遥不可及，我们仿佛已经身在其中。云朵似莲花飘浮，云带如丝绸缠绕，峰峦洁白柔软，冰川银光耀眼，裸露的山崖透出钢铁般威严坚定的轮廓，让我感到冷峻的寒意阵阵袭来。渐渐地，夕阳染红了白云，晚霞染红了冰雪。这一刻，在强烈的喜悦与震撼中，我突然理解了“辉煌壮丽”这个词语真正的所指。这让我们对第二天的行程充满兴奋与期待。

无论我如何恋恋不舍，一切都迅速地、不可挽留地沉没于茫茫黑暗之中。然后，天上的人陆续点亮美丽的灯盏。

阿尼玛卿山脚下有两间土木结构的房子，它们矗立在草原上，虽然非常醒目，却与身边的黑帐房格格不入。牧人说这是客房，住宿每人一晚4元钱。这么方便又便宜，就没有再去打扰牧民人家的理由了。

也许这是天底下最为简陋的客房。屋内一张大土炕，一床不知道是什么颜色的“被子”，还有半条“斑痕累累”的毯子，我相信，它里面所含的尘土比它自身还要重。墙边有一只铁皮炉子和一堆干牛粪。最让人高兴的是，牧人家的主妇送来了一壶香喷喷的奶茶。她说，到这里来往的牧民比较多，社里盖了这间客房为赶路的人歇脚住宿，一般不收钱，对外地客人收一点做补贴，收入都归公，这壶茶是她免费送的。

炉膛里的牛粪刚刚点燃的时候，浓烟滚滚，仿佛要把房子撑破，我不得不逃到屋外去。其实即使没有理由，我也喜欢在入睡前到外面徜徉一阵。天空中的繁星就像清晨草原上的露珠，而夜色中的草原隐隐约约，被一种幽暗的光晕挟裹着，如苍穹一般深邃奥妙。坐下来静静倾听，我几乎可以听到露珠在草叶上凝结的声音。然而，这样的逗留不能长久，因为即使在8月，阿尼玛卿山的寒气也会渗透你的肌肤。当我回到房子里，炉火已经营造了一片温暖的气氛。喝了热乎乎的奶茶，再吃一块大饼，身上筋骨的酸疼已消失大半。于是，在我的同伴还没整理好睡袋时，我已经裹着皮大衣进入了梦乡。

夜里，我听到外面有淅淅沥沥的声音，心想不妙，披上皮大衣出门一看，果然在下雨！灰心的情绪瞬间比雨还凉。

早晨起来，发现晚上的雨已经变成了雪。草原白茫茫一片，阿尼玛卿躲进云雾之中，影子也不见了。我们听从牧人劝告，不敢贸然行动，只好一边聊天、读书，一边不停地眺望隐身的“山神”，焦急等待。正午时分，雪又变成了雨，而这雨又一直下到天黑。

阿尼玛卿山耸立在黄河之畔果洛藏族自治州的大地上，史籍中又称大积石山，民间也叫它玛积雪山。主峰玛卿岗日海拔6282米，四周有数十米厚的冰层覆盖，山下有冰川。黄河从阿尼玛卿山的中部纵贯而过。山与水是人类文明产生的基础，体现了超越人类脆弱生命之上的权力和意志，它们孕育了神话。

在藏族民间信仰中，阿尼玛卿是一个完整的山神家族。在祖父大神周围，环绕着他治下的王公贵族，他们是阿尼玛卿山神王族中的一部分：父王，金贵犀牛山；母后，威猛女王山；密妃，天界仙女山；舅舅，长岩卧普山；大臣，短善白岩山。此外还有管家、经师、亲族、卫士、侍从等居住的山峰以及“万位度母宫”和其他。这些人物都有名字以及与其相对应的山峰，当地藏族人还能讲出他们之间的故事和各自的事迹。

民间绘画中，阿尼玛卿大神身躯魁梧，浓眉黑发，骑着雪白的骏马，用锐利的目光巡视世界。他是安多地区地位最高的山神，众神的统治者，同样也是大地的统治者，所以他的喜怒至关重要。他威力无穷，一旦发怒，犹如高山上的万丈瀑布、爆发的火山，震撼大地，会降下重重灾难。当然他更有无穷的智慧和慈悲心肠，在人们的敬仰中，他以神威震慑人间群魔，保护众生平安，赐予大地风调雨顺。在藏历中，如同“羊年”朝拜圣湖一样，“马年”是朝拜山神的重要年份，是山神的本命年，这一年前来阿尼玛卿的朝圣者可达几十万人。香客们甚至跋涉数百公里，携带行装和食物来到它的脚下，不管风雪雨晴，围绕它祈祷叩拜。绕山一周，徒步一般七八天，磕长头需要60天左右。

我们想知道接下来的天气会不会变好。牧民说，阿尼玛卿的脾气谁也摸不准，也许它一会心情就舒畅了，也许它会沉醉于自己的任性，但光是因为这两天的雨水，在没有道路的草原上，想继续驱车前行就几乎是不可能的。

第三天如愿转晴，我们不死心地踏上征途。都说望山跑死马，其实面对阿尼玛卿，汽车也照样显得无能为力。在两个多小时里，我们几次推车挖泥，还险些陷入不能自拔的绝望境地。我明白，我们仍然处于它的脚下，我知道，也许我还有体力和时间，但我也不可能到达更高的地方。我从内心深处产生一种强烈的敬畏，突然间，我感到近于绝望的渺小和软弱。于是我劝说体力已经明显不支的同伴返回，我们最终以一种接近的方式完成了阿尼玛卿之行。

仰望阿尼玛卿威严的雪峰，想到青藏高原上无处不在的神山圣湖，我仿佛体验到了一种被敬仰所折服的平静，体验到一种被神圣所接纳的幸福。在此我似乎明白了，在藏族人心目中，这座高原之所以神圣，是因为它是神灵的领地，这些山神湖圣主宰空中的风雨雷电，主宰大地的兴衰丰歉，也主宰着人类的吉凶祸福、生死轮回。这就是藏族人至今不变的自然观念。同时我们看到，这里的山神多是刚勇强悍的男神，而湖神多是柔美多情的女神，并且他们之间有着不解之缘。这反映了藏族人在对大自然的神圣感悟中产生的生命意识、生殖意识，这也是构成藏文化阳刚之气和阴柔之美的心理基础。藏族的神灵世界，是一个被自然之力征服了的人类精神世界，因而这山与水不仅仅是自然的一部分，它们更是藏族文化与情感的一部分。

（本文作者为青海省文艺评论家协会副主席）

/ 阿尼玛卿山雨夜 / 视觉中国 提供

后记

在探访黄河源园区的一周时间里，有一个问题始终在被提及与探讨：黄河源究竟是什么？这是一个开放性的问题，当然也会得到无数个开放性的答案。

主体位于果洛藏族自治州玛多县境内的黄河源园区，涉及原三江源国家级自然保护区的星星海、扎陵湖—鄂陵湖、约古宗列保护分区，面积 3.17 万平方公里，涉及范围包括玛多县黄河乡、扎陵湖乡、玛查理镇，共 19 个行政村，核心保护区面积 1.33 万平方公里。从地理含义上来讲，黄河源是黄河发端的那片区域，从涓涓细流到滔滔巨龙，展现着汇集的力量，黄河的“生长”与走势，是中国地理变迁和生态群落变化的标尺与依据。

而作为一条贯穿东西、长度达到 5464 千米、流域面积约 752,443 平方公里的大河，黄河源头无论对于科考还是环保，都有重要价值，黄河源头和下游水体流量以及物质含量变化，其实记录着中华大地生态的变化。而生态的变化，又指导着人们的生存生产方式，例如在黄河源地区实施的禁牧政策，例如用新的技术在冻土层上修造公路。

因为是中华母亲河起始的地方，黄河源这个名字本身就有了多重文化意义。河有流源，人有根源，对黄河源头的探究与发现，就是对中华民族文化根源的追寻。无论是历史故事还是神话传说，神秘的黄河源都是纷繁现世的另一面，它纯净、天然，让人沉浸其中，心怀敬畏。

就此，黄河源是地理标位，是生态笔记，是文化起点。

这样一个可持续发展的标杆样本，对我这样的到访者以及未来的游客释放着无尽的吸引力。作为首批中国国家公园的一部分，黄河源可以让我们体验到人与自然和谐共处的奇妙感，其实那是难得的使人重归自然的乐趣。就算是最单纯的游客，在黄河源，也会不自觉地感受到它在地理意义上的伟大，在文化传承上的延续，在精神层面上的价值，那是黄河源持续释放着的独有魅力。

出行参考

TRAVEL REFERENCE

三江源国家公园概况

2021年10月12日，在联合国《生物多样性公约》缔约方大会第十五次会议上，中国政府宣布正式设立首批五个国家公园，平均海拔在4700米以上、总面积超过19.07万平方公里的三江源国家公园排名首位。

三江源国家公园一直坚持生态保护第一、国家代表性、全民公益性的国家公园理念，推动国家公园高质量高标准高水平建设，为人民提供优质生态产品，为全社会提供科研、教育、体验、游憩等公共服务，让当代人享受到大自然的馈赠和天蓝地绿水净、鸟语花香的美好家园，给子孙后代留下宝贵自然遗产，使三江源国家公园成为体现大国责任、展示美丽中国的重要窗口。三江源国家公园的核心保护区是国家公园的主体，实行最严格的保护，原则上禁止人为活动。一般控制区是当地牧民传统生产生活区域、开展生态体验与自然教育的主要场所。为践行绿水青山就是金山银山理念，充分发挥国家公园的科研、教育、游憩功能，探索自然保护和资源利用新模式，对国家公园内自然资源资产的经营利用统一以特许经营的方式开展。

黄河源园区面积3.17万平方公里，是三个园区中野生兽类能见度最高的区域。这里生活着大量高原哺乳动物和鸟类，对野生动物爱好者来说，无疑是三个园区中最值得推荐的。同时因为园区距离玛多县城较近，食宿条件也是三个园区中最好的。

野生动物：★★★★★

自然风光：★★★

易抵达性：★★★★

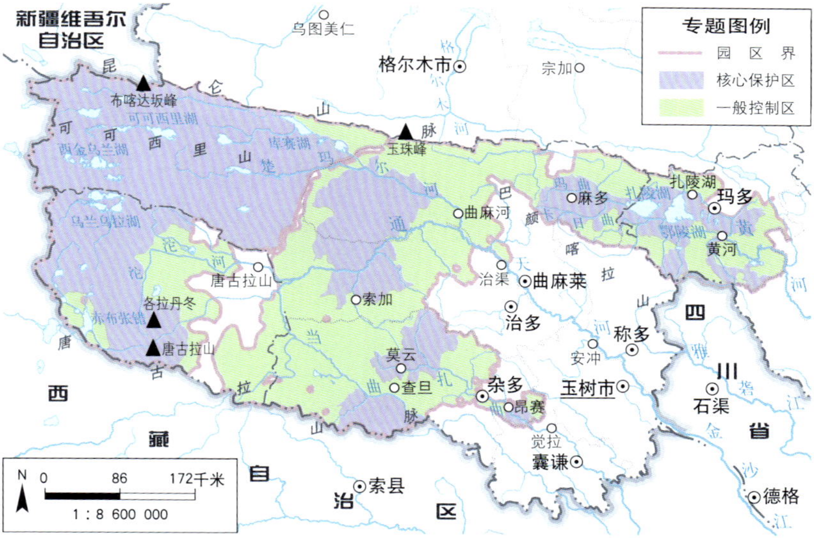

/ 三江源国家公园核心保护区与一般控制区示意图 /

◆ 负责任的旅行

◆ 严禁非法穿越国家公园：前往三江源及周边自驾，必须遵守相关部门的规定，可以参考当地政府和国家公园管理机构发布的自驾路线，不得在未经允许的情况下穿越无人区。

◆ 不随地扔垃圾：产生的垃圾自行带走，并按照分类要求投入指定的垃圾容器或收集场所。

◆ 无人机的噪声会严重干扰野生动物的生活，尤其可能造成哺乳期母兽的应激反应，切勿用无人机低空接近或追赶野生动物。

◆ 除无人机外，同样严禁驱车追赶野生动物。

黄河源TOP旅行体验

◆ 眺望“两湖一碑”

“两湖一碑”位于玛多县以西。其中鄂陵湖面积较大，浓绿的岛屿一边和漫山的草甸连成一片，一边像手臂一样伸进广阔的蓝湖中央。扎陵湖面积相对较小，形如贝壳。黄河源牛头纪念碑在湖边的错哇尕泽山顶，是黄河源头的标记，也是黄河源园区最重要的地标。“两湖一碑”位于三江源国家公园核心保护区，目前禁止普通游客进入。

◆ 来星星海放松身心

星星海位于玛多县以南约10公里处，沿214国道行驶即可到达。这里由草原上星罗棋布的湖泊、海子和水洼组成，在阳光照耀下，水面光芒闪烁，恰似点点繁星散落草原，因此而得名。这里的高原草滩上，藏野驴、藏原羚、高原鼠兔等动物悠然自得，繁殖季更是成了众多候鸟栖息的乐园。

◆ 在玛多寻访格萨尔王的踪迹

玛多在藏语中意为“黄河源头”，是黄河源头海拔最高的一座小城。县府所在地玛查理镇，曾经是唐蕃古道上的古老驿站，也是格萨尔文化的重要传承地。这里的岭·格萨尔文化博览园，再现了史诗中脍炙人口的故事和岭国八十员大将的音容尊貌，是了解格萨尔文化，探究格萨尔精神的好去处。

◆远眺阿尼玛卿山

雪山1号隧道出口的观景台是欣赏阿尼玛卿雪山的最佳地点之一，从玛沁县出发，向西北沿德马高速行驶即可到达。站在此处，眼前的阿尼玛卿山仿佛传说中的九层白玉琼楼，终年不化的积雪绵延覆盖山头，层层叠叠。而草甸上、山谷中，乃至冰盖上散落的经幡，又显示出此地深厚的藏文化底蕴。

◆在冬格措纳湖邂逅野生动物

冬格措纳湖位于花石峡镇的西北方，夏秋季节，棕头鸥、斑头雁等大量候鸟栖息于此，繁衍生息。湖岸边，藏野驴在红草滩上踱步；附近的怪石谷中，岩羊在陡峭的岩壁上穿梭自如；而在更高的雪峰间，“雪山之王”雪豹或许正带着幼崽巡视领地。

行前参考

◆通信

电信、联通、移动三大运营商的基站覆盖全省，凡是乡、村都有信号，但若在高海拔地带盘山而行或深入乡间小路，手机会时常丢失信号。

◆何时去

- 5月至6月 此时冻土未消，是探访黄河源的好时候。
- 7月至8月 天高云阔，气候凉爽舒适，是前往高海拔地区的最佳时机。
- 9月至次年4月 此时天气寒冷，行程可能会受到风雪天气影响。

◆ 高原地区目的地海拔

- 黄河源牛头纪念碑 4610米
- 玛多县 平均海拔4200米

◆ 当地交通

飞机

- 西宁曹家堡国际机场

火车

- 西宁火车站

长途汽车

- 西宁汽车客运中心
- 玛多汽车站

自驾

最方便的出行方式，但三江源地区实时路况的不确定性大，大多数路段并不适合新手。可以选择包车前往。

初到高原，请注意

出行前准备一些预防高原反应的药物，例如红景天胶囊，提前服用，增强抵抗能力。还可以带布洛芬缓释胶囊、地塞米松片、氨茶碱片等药物，可缓解高原反应带来的头痛等症状。建议买点阿咖酚散（俗称头痛粉），性价比极高。

预备几瓶一次性氧气瓶，可在医院和药店购买。部分酒店可以提供吸氧设备，但最好提前咨询确定。

到达后尽量先安排休息，注意保暖并且多喝水，不要剧烈运动。如果感觉头痛不适，可服用一包阿咖酚散，效果不错。如果高反症状一直不减弱甚至加重，请咨询医生并慎重考虑是否继续后面的旅程。

就餐时可以要一壶藏式奶茶或酥油茶，它能帮助你尽快适应高原环境，至少能妥帖安抚你的胃。

高原紫外线强烈，在高原要戴好太阳镜，可以有效减弱紫外线对眼睛的照射，准备好长袖衣裤、头巾或者披肩，可以起到防晒的作用。

附录一 APPENDIX

三江源国家公园大事记

◆ 2016年3月

中共中央办公厅、国务院办公厅印发《三江源国家公园体制试点方案》。

◆ 2016年4月

青海省委常委会议审议通过《关于实施〈三江源国家公园体制试点方案〉的部署意见》，省委、省政府召开动员大会，正式启动三江源国家公园体制试点。

◆ 2016年6月

我国首个国家公园体制试点管理机构三江源国家管理局（筹）正式挂牌。

◆ 2016年11月

三江源国家公园管理局向全球发布形象标识，这不仅是我国第一个国家公园的形象展示，更是国家形象和国家意志的集中体现。

◆ 2017年8月

我国首个国家公园地方性法规《三江源国家公园条例（试行）》正式实施。

◆ 2017年9月

中共中央办公厅、国务院办公厅印发《建立国家公园体制总体方案》，提出到2020年，建立国家公园体制试点基本完成。

◆ 2018年1月

国家发展和改革委员会正式印发《三江源国家公园总体规划》，标志着三江源国家公园建设步入全面推进阶段。

◆ 2021年9月

国务院印发《关于同意设立三江源国家公园的批复》，同意《三江源国家公园设立方案》，三江源国家公园从体制试点迈入正式设立阶段。

◆ 2021年10月

国家主席习近平在《生物多样性公约》第十五次缔约方大会领导人峰会上宣布设立三江源等第一批国家公园。

◆ 2023年8月

《三江源国家公园总体规划（2023—2030年）》发布，将长江、黄河、澜沧江源头区域全部纳入国家公园范围，实现源头区域生态系统和野生动物栖息地完整保护。

附录二 城区图

APPENDIX

省区图、地区图

西宁市	省级行政中心
海东市	地级市行政中心
玉树市	自治州行政中心
杂多	县级行政中心
扎朵	乡、镇级行政中心
不冻泉	村庄
	省级界
	地级界
	县级界
	铁路
G6	高速公路
G214	国道
S224	省道
	县乡道
	常年河、时令河
	常年湖
唐古拉山 6205	山峰及高程（米）
	山口、关隘
	世界遗产
	国家级自然保护区
	国家地质公园
	其他旅游景点

/ 玛沁县 /

城区图

一级街道		医院、药店	
二级街道		商场 超市	
三级街道		学校	
地级政府		银行、保险	
县级政府		汽车站	
镇级政府		加油站	
公安局、派出所等机关单位		旅游景点	
饭店、宾馆酒店、大厦		其他	

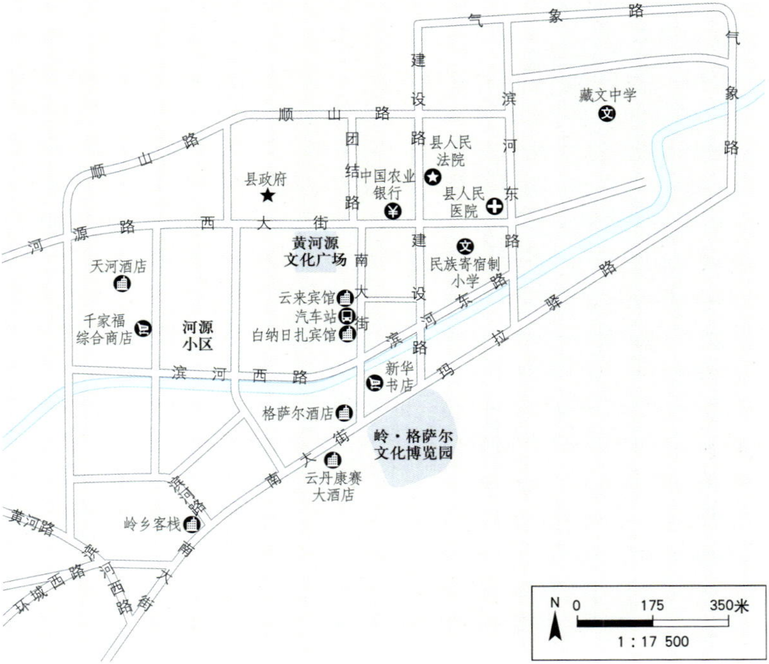

/玛多县/

图书在版编目（C I P）数据

行走黄河源 / 袁亮等著 . -- 北京 : 中国地图出版社 , 2023.12
ISBN 978-7-5204-2846-0

Ⅰ . ①行… Ⅱ . ①袁… Ⅲ . ①旅游地理－青海 Ⅳ . ① K928.944

中国国家版本馆 CIP 数据核字 (2023) 第 230842 号

行走黄河源
XINGZOU HUANGHEYUAN

出版发行 中国地图出版社
社　　址 北京市白纸坊西街 3 号
邮政编码 100054
网　　址 www.sinomaps.com
印　　刷 北京华联印刷有限公司
经　　销 新华书店
成品规格 147mm × 210mm
印　　张 7.25
字　　数 177 千字
版　　次 2023 年 12 月第 1 版
印　　次 2023 年 12 月北京第 1 次印刷
定　　价 88.00 元
书　　号 ISBN 978-7-5204-2846-0
审 图 号 青 S（2023）227 号

如有印装质量问题，请与我社发行部（010-83543958）联系